Jennys Universum

Ken Pedersen

Jennys Universum

Was ich meiner Tochter
über Galaxien, Sternenstaub
und das Leben erzählte

*Aus dem Englischen übersetzt
von Michael Schmidt und Karin Weingart*

Mit Illustrationen von Meike Müller

INTEGRAL

Für Anne, Michelle, Kimberly und natürlich Jenny

Integral Verlag
Integral ist ein Verlag der Verlagsgruppe Random House

ISBN 3-7787-9139-7

Die englische Originalausgabe erschien 2003 unter dem Titel
»Jenny's Universe« im Verlag O Books, Winchester, UK und
New York, USA.
© 2003 by Ken Pedersen
© der deutschen Ausgabe 2004 by Integral Verlag, München,
in der Verlagsgruppe Random House GmbH
Alle Rechte sind vorbehalten. Printed in Germany.
Illustrationen: Privatakademie Leonardo, Hamburg
Einbandgestaltung: HildenDesign, München, unter Verwen-
dung einer Illustration von Johannes Wiebel, München
Gesetzt aus der Goudy und Arepo bei Leingärtner, Nabburg
Druck und Bindung: Bercker, Kevelaer

Inhalt

Dritter Teil
Unser bewusstes Universum –
allmählich geht uns ein Licht auf   143

Einleitung

In einer sternenklaren Nacht vor rund 200000 Jahren hielt morgens um zwei eine junge Mutter ihr Neugeborenes im Arm und stillte es. Zunächst betrachtete sie dabei das schöne Gesicht ihres Kindes und dann den majestätisch wirkenden Sommernachtshimmel. In diesem Moment kamen zum ersten Mal in der Menschheitsgeschichte die grundlegenden Fragen auf, die auch die nachfolgenden 10000 Generationen noch beschäftigen sollten: OH! WIE? Und WARUM?

Im 20. Jahrhundert haben Wissenschaft und Forschung im Hinblick auf das WIE erstaunliche Fortschritte gemacht. Auf den Gebieten der Physik, Chemie, Astronomie, Biochemie, Genetik und Hirnforschung wurde in bemerkenswert kurzer Zeit ungeheuer viel erreicht. Und alles, was diese Disziplinen zu Tage förderten, gab nur noch mehr Anlass zum Staunen.

Der Antwort auf das WARUM allerdings sind wir trotz dieser ganzen neuen Erkenntnisse und Errungenschaften im Grunde keinen Schritt näher gekommen. Ja, mehr noch: In dem Weltbild, welches heutzutage in den Herzen und Köpfen der meisten Naturwissenschaftler herrscht, ist nicht einmal mehr die Frage vorgesehen. Denn ein Grundprinzip des naturwissenschaftlichen Denkens lautet: Das Ganze kann nie mehr sein als die Summe seiner Teile, und damit werden alle zugrunde liegenden Informationsmuster, aber auch die

Gesamtgestalt der Schöpfung, letztlich als bedeutungslos abgetan.

Eines sollten wir jedoch stets im Auge behalten: Sowohl anderthalb Kilogramm Dreck bestehen aus drei Pfund Quarks und Elektronen als auch anderthalb Kilo Diamanten, Blumen, Schokoladeneis, eine schöne Forelle oder selbst ein menschliches Gehirn. In all diesen Fällen handelt es sich jeweils um exakt dieselbe Anzahl identischer Teile – was zweifelsfrei verdeutlicht, dass das Ganze mehr ist als die Summe seiner Einzelteile.

Der entscheidende Unterschied liegt in den Informationsmustern, die festlegen, wie die Teile zusammengefügt sind.

Naturwissenschaftler, die sich nur auf die Grundbausteine konzentrieren, sehen in Schönheit, Eleganz, Sinn und Zweck der Muster, von denen das Universum erfüllt ist, nichts als puren Zufall, was ein allgemeines Gefühl von Sinnlosigkeit zur Folge hat und das ganze moralisch-ethische Fundament unserer Kultur unterminiert. Gut und Böse, Schönheit und Liebe sind aus dieser Sicht bloße Geschmackssache. Weltanschauungen dieser Art werden heute auch außerhalb der wissenschaftlichen Community allgemein akzeptiert. Diese Philosophie der Sinnlosigkeit saugt uns jedoch buchstäblich in eine relativistische Leere hinein, die nicht nur für unsere Gegenwart gefährlich ist, sondern auch die Zukunft unserer Kinder bedroht.

Im Hinblick auf die Fragen, wer oder was wir eigentlich sind, wie wir entstanden und wie wir unser Leben am besten gestalten, herrscht heutzutage eine große Verwirrung, die daraus resultiert, dass es den beiden großen geistigen Traditionen und Strömungen unserer Zivilisation – Naturwissenschaft und

Religion – nicht gelingt, zu einem einheitlichen Weltbild zu gelangen. Sie sind ja kaum in der Lage, auch nur miteinander zu kommunizieren. Die Naturwissenschaften beruhen auf Zweifel und Fragen; sie suchen das Abenteuer der Erkundung unbekannten Terrains. Die Religion andererseits beruht auf dem Glauben an die Liebe, an Brüderlichkeit und den individuellen Wert jedes einzelnen Menschen. So scheint es sich um zwei geistige Bestrebungen zu handeln, die vermeintlich nicht miteinander vereinbar sind – die eine befasst sich mit den materiellen Tatsachen, die andere mit geistigen und ethischen Werten.

Das muss jedoch nicht zwangsläufig so sein. Die Prämisse dieses Buches lautet: Die Kraft und die Herrlichkeit des Universums sind Energie und Information. Triebfeder, Herzschlag der Schöpfung ist die zunehmende Komplexität von Informationen. Ich behaupte, dass die großartigen neuen Erkenntnisse, zu denen uns die modernen Naturwissenschaften verholfen haben, nur einen einzigen Schluss zulassen: Das gesamte Universum ist Ergebnis eines unglaublich ausgeklügelten Gesamtentwurfs.

Die Gesetze der Physik, der Chemie, des Lebens und der Evolution können als die Regelsätze betrachtet werden, auf denen die Entstehung zunehmend komplexer Formen von Informationsgehalt beruht. Und was dabei am bemerkenswertesten ist: Die ganze Evolution ist darauf ausgerichtet, ein intelligentes Bewusstsein hervorzubringen, dessen Aufgabe darin besteht, das Universum um eine neue Dimension zu bereichern: eine geistige Dimension, die ihm Bedeutung und Sinn verleiht – eine Dimension, die neue Möglichkeiten der Weiterentwicklung von Informationsmustern eröffnet. Von diesem Bewusstsein werden Energie und Informationen buchstäblich zum Leben erweckt, auf dass sie die Kraft und die Herrlichkeit, die sie erschaffen haben, auch betrachten und sich an ihr erfreuen mögen.

Es ist die Bestimmung des Menschen, aus kosmischem Staub erschaffen und von Sternenlicht genährt zu werden, in einer liebevollen, lernbereiten Umwelt aufzuwachsen und zu gedeihen, Herausforderungen aktiv zu suchen, schöpferisch nach Schönheit und Harmonie zu streben und sich über seine Leistungen zu freuen. Erst wenn wir diesen Entwurf in seiner Gesamtheit vollkommen begreifen, werden wir eine Antwort auf die Frage erhalten, wer wir sind – und warum.

Jennys Universum stellt eine neue Interpretation all dessen dar, was wir aus Naturwissenschaft und Religion, aus der Geschichte und dem Leben gelernt haben. Der erste Teil des Buches befasst sich mit Physik und den phantastischen Erkenntnissen, die uns diese Wissenschaft über die Funktionsweise des Universums verschafft hat. Dabei möchte ich Verständnis für die Präzision, Eleganz, Schönheit, für den Zauber und den Zweck des Ganzen wecken und behaupte, dass aufgrund von Regeln, die Kraftfeldern innewohnen, Energie und Informationen auf beinahe magische Weise zu komplexen Mustern verwoben werden. Und was mir dabei besonders am Herzen liegt: Alle Informationsmuster, die neu entstehen, sind bedeutend mehr als die Summe ihrer Teile.

Im Mittelpunkt des zweiten Teils stehen Chemie und Evolution. Darin geht es also um die Geschichte des Lebens. Wir befassen uns mit dem Unterschied zwischen Zufall und Absicht und mit der Evolution komplexer Informationsmuster auf Planeten. In diesem Teil gehen wir Schönheit und Wesen der chemischen Elemente auf den Grund, beschäftigen uns also mit 92 winzigen Bausteinen und den äußerst präzisen Regeln, denen sie folgen.

Der dritte Teil des Buches beginnt mit der Erörterung der Komplexität des Gehirns und der Unentbehrlichkeit von Bewusstsein, Intelligenz und Emotionen in einem sinnvollen Universum. Gemeinsam werden wir darüber staunen, dass Milliarden und Abermilliarden von Quarks und Elektronen sich selbst betrachten, und die geistige Dimension, die das menschliche Gehirn ins Universum einbringt, erkunden. In diesem Zusammenhang beschäftigen wir uns auch mit der Rolle, die Gedächtnis, Lernbereitschaft, Willensfreiheit, Neugier, Phantasie, Kreativität und Gefühle, insbesondere die Liebe, im Gesamtentwurf des Menschen spielen.

Abschließend werden wir uns fragen, was das alles wohl zu bedeuten haben mag. Ich trage unsere Erkenntnisse aus Naturwissenschaft, Ethik, Religion, Geschichte und dem Leben zusammen und versuche auf dieser Basis, eine einheitliche Weltanschauung zu präsentieren.

Ich habe dieses Buch für meine Töchter Jenny, Kim und Michelle geschrieben, um ihnen meine heutigen Überzeugungen nahe zu bringen – denn mein Ausgangspunkt war zunächst ein ganz anderer. Wir naturwissenschaftlich gebildeten Menschen des ausgehenden 20. Jahrhunderts hätten ja nie im Leben damit gerechnet, auf einen zielgerichteten, komplizierten Gesamtentwurf evolvierender, auf Informationen beruhender Komplexität zu stoßen. Wir waren doch eher auf etwas Kaltes, Deterministisches, Mechanisches und Quantifizierbares gefasst. Stattdessen aber begegneten wir Schönheit, Poesie, Eleganz und Magie. Einem geheimnisvollen Tanz von allerhöchster Präzision. Einer unfassbaren Hauptprotagonistin namens Energie, die Tänzerin und Choreografin in einem ist.

Hätte dieser Tanz bei Quarks und Elektronen sein Ende gefunden, wäre es schon erstaunlich und schön genug. Er geht aber weit, weit darüber hinaus.

Dieses Buch erkundet die Schönheit und den Zweck des Gesamtentwurfs und den Tanz aus Energie und Information, der unser Leben ist.

Erster Teil

Unser materielles Universum – die wunderbare Abwesenheit von Leere

I

Die letzten hundert Jahre

Von der Postkutsche
zur Raumfahrt

Von der Sternguckerei
zur Kartierung von Galaxien

Von der Feder zum Supercomputer

Von Newton zur Quantenphysik

Vom Plumpsklo zum Penthouse

FORTSCHRITT

UND

Wissenschaft oder Religion

Keine absolute Wahrheit
oder Gut & Böse

Keine Regeln oder Traditionen

Zufall oder Entwurf

Zwecklosigkeit oder Sinn

VERWIRRUNG

Zeitenwende

Im vergangenen Jahrhundert konnte die Menschheit phantastische Fortschritte verzeichnen. Kenntnisse und technisches Können haben in unvergleichlichem Tempo zugenommen. In der Postkutsche zogen wir in das 20. Jahrhundert ein, um es mit Raumschiffen zu verlassen. Am Anfang stand Newton, am Ende die relativistische Quantenmechanik. Um 1900 konnten wir nicht einmal die einfachsten Infektionen heilen, und heute führen wir minimalinvasive Operationen am Herzen durch. Zu Beginn des 20. Jahrhunderts hatten wir noch keine Ahnung von Galaxien, aktuell erforschen wir Milliarden davon. Es war toll, in den letzten fünfzig Jahren gelebt zu haben. Denn obwohl wir das alles zwar gern für selbstverständlich halten, ist es im Grunde einfach phantastisch.

Die Gesamtheit der neuen Erkenntnisse hat das Leben verändert, unsere Vorstellungen vom Universum, der Welt und uns selbst. Zurückführen lassen sich alle unsere Fortschritte letztlich eins zu eins auf die Anwendung naturwissenschaftlicher Forschungsmethoden, die alles in Frage stellen, keine Dogmen gelten lassen und nach Theorien suchen, mit denen sich die Ergebnisse experimenteller Beobachtungen am besten erklären lassen. Generationen führender Wissenschaftler sind in diesem Denken geschult und von ihm geprägt worden. Auf den Gebieten der Physik, Astronomie, Kosmologie, Chemie, Biologie, Medizin und Technik haben ganze Heerscharen von Fachleuten das menschliche Wissen revolutioniert. Die Kehrseite der Medaille: Einem einzelnen Menschen ist es heutzutage praktisch nicht mehr möglich, dieses Wissen in seiner Gesamtheit zu überblicken, einzuschätzen, wo wir stehen, oder auch nur zu begreifen, welche Schlüsse sich daraus für ein konsistentes Weltbild beziehungsweise die persönliche Lebensphilosophie ziehen lassen. Betrachten wir nur einige der neuesten Schlagzeilen.

- Fossile Gesteinsproben lassen auf die Existenz möglicher Lebensformen auf dem Mars schließen.
- Neuronale Supercomputer erschaffen eine Künstliche Intelligenz, die dem menschlichen Denken ähnelt.
- Die Physik steht kurz vor der Entdeckung der Weltformel.
- Wissenschaftler entschlüsseln die DNA und lösen die letzten Rätsel des Lebens.
- Die Quantenmechanik sagt die Entstehung von Teilchen und vielleicht sogar ganzen Universen aus der Leere des Vakuums voraus.
- Der menschliche Geist ähnelt eher einem Hologramm als einem Computer.
- Die Existenz unendlich vieler Universen ist nicht auszuschließen. Bilden sich ständig neue?

Die phantastischen Erfolge, die im letzten Jahrhundert mit Hilfe der naturwissenschaftlichen Methode in schneller Folge erzielt wurden, haben uns so nachhaltig beeindruckt, dass wir angefangen haben, auch unser ganzes nichtwissenschaftliches Wissen in Frage zu stellen. Das führte dazu, dass wir uns ganz allmählich von allen traditionellen Anschauungen und Wertvorstellungen verabschiedeten. In den letzten 30 Jahren, also innerhalb von nur einer Generation, ist zunehmend die Entstehung persönlicher Lebensphilosophien zu beobachten, die nicht länger auf traditionellen Werten beruhen, sondern auf Eigeninteressen und dem Postulat der sofortigen Bedürfnisbefriedigung.

Heutzutage glauben viele, mit etwas, das sich nicht mathematisch quantifizieren oder im wissenschaftlichen Experiment beweisen ließe, brauche man sich gar nicht erst zu befassen. Schließlich sei es doch die naturwissenschaftliche Methode, der wir die Revolutionierung unseres gesamten Wissens zu verdanken haben, und die verlässt sich bei der Suche nach der Wahrheit ausschließlich auf Theoriebildung und Experimente. Warum sollten wir also nicht auch alle anderen Erkenntnisse auf dieselbe Weise überprüfen? Ein Ende des wissenschaftlichen Fortschritts scheint nicht in Sicht; müssen wir daraus nicht schließen, dass es so etwas wie die absolute Wahrheit gar nicht gibt?

Was sind eigentlich Ethik und Moral? Gut und Böse lassen sich nicht quantifizieren – existieren sie deshalb nur im Geist? Entsprechen sie der Realität? Oder ist das alles bloß relativ? Und wie sieht es mit der Schönheit aus? Sind Religion und Spiritualität vielleicht nur Mythen, die uns über die vermeintliche Trostlosigkeit des wirklichen Lebens hinweghelfen sollen? Ist das menschliche Bewusstsein nichts als ein chemischer und elektronischer Zufall? Lust, Liebe und Hass – alles nur chemische Reaktionen? Stellt die Suche nach Sinn und Bedeutung nur ein Mittel der Selbsterhöhung dar? Spiritualität gilt als unvereinbar mit den Naturwissenschaften.

Ich möchte nicht in Abrede stellen, dass es auch Naturwissenschaftler gibt, die an Gott glauben. Die Kultur aber, die sie erschaffen haben, ist spirituell bestenfalls neutral, wenn nicht sogar atheistisch. Im Grunde hat die Wissenschaft an die Stelle Gottes und der Spiritualität einen neuen Glauben gesetzt, der auf Unendlichkeiten und Wahrscheinlichkeiten beruht. Diesem Glauben liegt die Überzeugung zugrunde, in der Unendlichkeit von Zeit und Raum sei alles möglich, vielleicht sogar wahrscheinlich. Wenn aber alles möglich ist, gibt es auch keinen Grund mehr, nach dem Warum und nach der Bedeutung zu fragen. Auf diese Weise entsteht gewissermaßen eine neue Religion, zumindest aber eine Weltanschauung, die besagt, dass alles Zufall ist – auch Bewusstsein und intelligentes Leben.

Wir leben also im Grunde in der denkbar besten Zeit; Know-how und Potenzial der Menschheit nehmen geradezu explosionsartig zu. Da aber auf dem Gebiet von Ethik und Sinngebung totale Verwirrung herrscht, ja geradezu Chaos, ist unsere Zeit zugleich auch die denkbar schlechteste. Da sind auf der einen Seite die ganzen naturwissenschaftlichen Fachleute, die allesamt auf ihrem jeweiligen Spezialgebiet über Ehrfurcht gebietendes Wissen und beeindruckende Qualifikationen verfügen. Und auf der anderen Seite stehen die Experten für jahrhundertealte Weisheiten auf dem Gebiet von Ethik und Moral, die sich hinter ihren jeweiligen dogmatischen Lehrmeinungen verschanzen. In Bezug auf die Redlichkeit des eigenen Zweiges der Wahrheit und auf die mangelnde Einsicht der Gegenseite vertreten beide Parteien sehr entschiedene Ansichten.

Erst seit relativ kurzer Zeit wird die Frage gestellt, ob das eigentlich so sein muss, halten immer mehr Menschen Naturwissenschaft und Religion nicht länger für unvereinbar. Wenn wir begreifen wollen, wer oder was wir wirklich sind und warum, müssen sich beide als Teil eines größeren Ganzen betrachten.

2

Abermillionen vernetzter Teile fragen sich

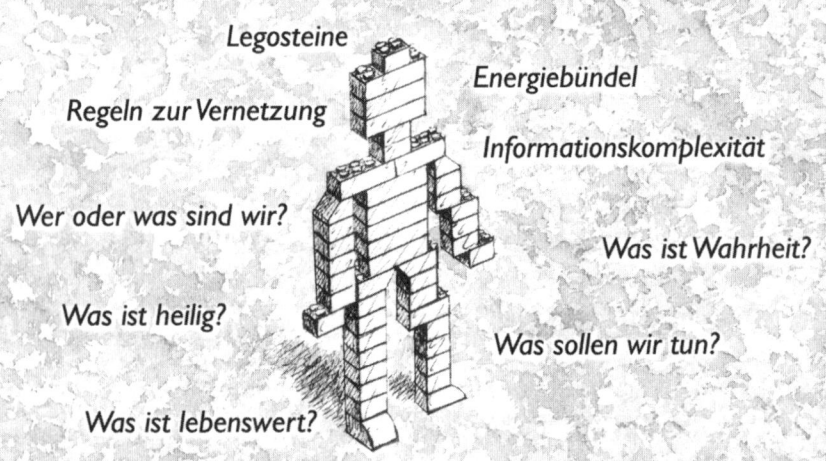

Legosteine

Energiebündel

Regeln zur Vernetzung

Informationskomplexität

Wer oder was sind wir?

Was ist Wahrheit?

Was ist heilig?

Was sollen wir tun?

Was ist lebenswert?

Und dann geschah
etwas Merkwürdiges

Weltanschauungen, persönliche Philosophien, Moral und Lebensweisen verändern sich heute in einem noch nie da gewesenen Tempo. Der Unterschied von einer Generation zur nächsten ist so groß wie nie zuvor. Die jungen Menschen sehen die Welt heute mit ganz anderen Augen als ihre Väter oder Großväter. Und in vielerlei Hinsicht ist es tatsächlich eine ganz andere Welt.

Nehmen wir meine Person als Beispiel für einen Bürger der zweiten Hälfte des 20. Jahrhunderts. Ich wurde in den Vierzigerjahren im Mittleren Westen der USA geboren und hatte eine gewisse Begabung für Mathematik. So ergab es sich irgendwie ganz von selbst, dass ich 1970 im Fach Elektrotechnik promovierte. In meiner Generation gelang der Sprung von der Vakuumröhre zum Supercomputer. Aufgrund der ganzen rasanten Fortschritte kamen viele meiner Kollegen zu der Überzeugung, die Naturwissenschaft würde in Kürze alle Fragen beantwortet und jedes Rätsel gelöst haben. Dass man sich auch mit anderen Denkrichtungen auseinander setzen müsse, fanden wir eigentlich nicht. Es erschien völlig überflüssig, die Vorstellungen anderer Menschen über Religion oder Spiritualität, Ethik oder Bewusstsein, Geist oder Emotionen, Planung oder Sinn und Zweck auch nur zur Kenntnis zu nehmen. Das waren für uns bloß uralte inhaltsleere »Wohlfühlmythen«. Die Naturwissenschaft hatte sich durchgesetzt, die Debatte war vorbei, alle anderen Weltanschauungen hatten den Kürzeren gezogen, und der materialistische Reduktionismus war auf ganzer Front Sieger.

Doch dann geschah etwas Merkwürdiges. Die Wissenschaft befasste sich ja mit quantifizierbaren Fragen, mit Dingen und Logik. Für die Antworten, die sie erbrachte, konnte sie auch den Beweis liefern. Der Schock trat ein, als wir bemerkten, dass es selbst auf quantifizierbare Fragen unlogische Antworten gab, wenn man ihnen nur bis in jene Tiefen nachging, die Heerscharen spezialisierter Forscher erreicht hatten. Auf einmal sah das Universum eher magisch aus als logisch, weniger deterministisch als wunderbar, konzentriert und gar nicht so chaotisch – zielgerichtet und eleganter, als es sich mit beliebigen Unendlichkeiten erklären ließ. Und allmählich dämmerte die Erkenntnis, dass die meisten der wirklich wichtigen Fragen, etwa die nach Geist, Bewusstsein, Liebe, Schönheit, Gerechtigkeit, Güte und Sinnhaftigkeit, nicht quantifizierbar sind.

In Anbetracht unserer ganzen neuen Erkenntnisse ist es an der Zeit zu überdenken, was wir eigentlich wissen, was wir glauben und was wir tun müssen. Um diese Fragen ging es in den Diskussionen, die ich über die Jahre mit meiner jüngsten Tochter Jenny führte. Bei unseren unschuldigen kleinen Erörterungen gelangten wir zu Einsichten, mit denen ich nicht gerechnet hatte, und letztlich zu dem Weltbild, das Gegenstand des vorliegenden Buches ist.

Willkommen also in Jennys magischem, zentriertem, wunderbarem, unlogischem und elegantem Universum. Alles fing an, als mich die damals Siebenjährige fragte, woraus sie gemacht sei. Ich erzählte ihr etwas von Marzipan und Zuckerwatte, aber sie schüttelte nur den Kopf und sagte: »Nein, Daddy, ich meine es im Ernst.«

Also dachte ich eine Weile nach und beschloss dann, etwas auszuprobieren. Ich antwortete: »Jenny, du hast da einen Baukasten mit unterschiedlich großen Legosteinen, die sich durch Zusammenstecken miteinander verbinden lassen.« Sie lächelte und schaute mich ganz interessiert an, weil sie wohl spürte, dass ich bereit war, ihre Frage seriös zu beantworten. Ich fuhr fort: »Zwei Sorten dieser Legosteine sind so winzig, dass wir sie nicht sehen können. Sie heißen Elektronen und Quarks. Wenn man sie zusammensteckt, lassen sich daraus alle möglichen tollen Sachen bauen.«

»Und ich bin also aus Elektronen- und Quarks-Legosteinen?«, fragte sie.

»Ja, genau.«

Dann musste ich fünf Minuten lang Fragen beantworten wie: Woraus besteht Wags, Jennys Hund, oder Puddin, die Katze. Sie erkundigte sich nach Mama, Wasser, Felsen, Bäumen und Schokoladeneis. Jedes Mal, wenn ich antwortete, all das bestehe aus den gleichen Elektronen- und Quarksbausteinen, musste ich mit ansehen, wie Jennys Lächeln und ihre Begeisterung ein wenig mehr schwanden, bis sie schließlich ganz besorgt und frustriert dreinschaute.

Ziemlich lange saß sie mit einer bekümmerten Miene da, dann fragte sie: »Daddy, und woraus sind diese Elektronen und die Quarks?«

Da ich mich nun einmal darauf eingelassen hatte, musste ich es auch durchziehen: »Aus winzig kleinen Energiebündeln.« Ich war ziemlich zufrieden mit meinem väterlichen Erklärungsversuch.

Aber Gott segne alle Siebenjährigen, denn prompt kam: »Und was ist ein Energiebündel?«

»Das wissen wir noch nicht so genau.«

»Ist so ein Energiebündel weich?«

»Weiß ich nicht.«

»Rund?«

»Ich weiß es nicht.«

»Ist es warm?«

Bevor ich sie mit der Frage zu ihrer Mutter schicken konnte, verdüsterte sich Jennys Miene wieder, und sie meinte: »Aber

Daddy, auch so ein Energiebündel muss doch aus irgendetwas sein, oder nicht?«

Da habe ich gesagt, es könne durchaus sein, dass diese Energiebündel im Grunde aus gar nichts bestehen. Sie war frustriert, ließ aber nicht locker und bohrte weiter: »Daddy, aber wenn es an diesen winzigen Legosteinen doch überhaupt nichts Festes gibt, wie kann man sie denn dann zusammenstecken?«

Jetzt guckte ich verwirrt und frustriert aus der Wäsche. Bevor ich aber loslegen konnte, meiner Siebenjährigen die Regeln zu verklickern, von denen interagierende Teilchen gesteuert werden, lachte Jenny einfach los. Als sie sich schließlich wieder eingekriegt hatte, meinte sie nur: »Ach Daddy, du willst mich ja bloß verscheißern.«

Kindermund. Selbst den Kleinen entgeht nicht, dass uns die neuesten Forschungsergebnisse zu zauberhaft unlogischen Antworten führen. In den letzten fünfzig Jahren haben wir uns alle in dem Glauben gewiegt, mit Hilfe der Wissenschaft in unmittelbarer Zukunft alles verstehen zu können. Und kurz bevor es soweit war, guckten wir uns alles, was wir erfahren hatten, noch einmal an und mussten plötzlich zu der Erkenntnis kommen, dass das Geheimnis wohl noch viel tiefer geht und bedeutend großartiger und komplexer ist, als wir es uns je hätten vorstellen können. Im Grunde haben die ganzen Leistungen der Forschung in den letzten hundert Jahren, so bedeutend sie auch waren, nur dazu geführt, dass die Antwort auf Jennys Frage nach dem »Woraus sind wir eigentlich?« Schicht für Schicht immer wunderbarer wurde.

3

Das grosse Ballett

Schwache Kraft

Elektron

Up-Quark

Starke Kraft

Elektromagnetische
Kraft

Gravitation

Down-Quark

Der magische Tanz
der Energie

Lassen Sie uns an den Anfang zurückkehren und über Jennys kleine Energiebündel sprechen – was sie tun und auf welche Weise sie die ganzen zauberhaft komplexen Informationsmuster bilden, aus denen alles besteht, was wir sehen und anfassen können.

In der Schule haben wir gelernt, uns das Atom wie eine Art Sonnensystem im Miniaturformat vorzustellen, das aus kleinen, murmelartigen Elektronen besteht, die um den Atomkern kreisen. Dieser Atomkern, so erfuhren wir weiter, setze sich aus dicht gepackten kugelförmigen Protonen und Neutronen zusammen. Mit diesem Modell waren alle sehr zufrieden. Die Riesenfortschritte, die die Physik machte, beeindruckten uns so, dass wir fest an einen logischen wissenschaftlichen Weg zur Lösung der großen Rätsel der Schöpfung glaubten. Mathematik, Physik und Evolutionstheorie würden schon alles erklären. Doch dann ging die Quantenmechanik mit ihrer ganzen Wucht auf unser kollektives Bewusstsein nieder, und unsere ganzen schönen Modelle begannen sich in Luft aufzulösen.

Elektronen waren nicht länger kompakte Murmeln, sondern Energiewellen, die irgendwie magisch ihr Orbital im Atom ausfüllen. So wird es von der Wahrscheinlichkeitstheorie mathematisch beschrieben. Es ist, als gebe es da eigentlich überhaupt nichts mehr. Stattdessen sind die Orbitale der Elektronen voll von einem Wahrscheinlichkeitsnebel, der sich nur dann in jenen Energiebündeln manifestiert, die wir Teilchen oder Partikel nennen, wenn sie beobachtet werden.

Seit der Quantenmechanik können wir Atome nicht länger mit dem klassischen Modell beschreiben und sie uns auch nicht mehr so vorstellen, wie es uns der gesunde Menschenverstand gelehrt hatte. Nun haben wir es mit nebelhaften Wolken von Wellenenergie zu tun, mit Wahrscheinlichkeitsfeldern, die ganze Atome füllen. Und wenn man dann genau hinsieht, kollabiert alles zu einem Punkt, der als ein winziges Bündel von gebundener Energie dargestellt werden kann. Das nennen wir dann Elementarteilchen.

Falls es Ihnen schwer fällt, sich das vorzustellen, machen Sie sich nichts daraus, das versteht eigentlich niemand so genau. Wir können jedoch mathematisch präzise nachbilden, wie sich diese ganzen Energiefelder und -bündel verhalten und zusammenwirken.

Genau wie die Elektronen erwiesen sich auch Protonen und Neutronen nicht länger als massive kleine Kugeln, sondern als überwiegend leerer Raum, der drei Energiebündel enthält, die noch bedeutend winziger sind und Quarks genannt werden. Auch diese Quarks lassen sich am besten als Wahrscheinlichkeitsfelder einer Nebelwolke von Energiewellen beschreiben. Sie materialisieren sich nur dann als das winzige Bündel gebundener Energie, das wir ein Quark nennen, wenn jemand versucht, sie zu beobachten.

Somit sind die Energiebündel, die wir Teilchen nennen, eigentlich gar keine Teilchen, wie wir sie uns im Allgemeinen vorstellen. Vielmehr handelt es sich um irgendeinen magischen Zustand gebundener Energie, von dem Gott allein weiß, was er zu bedeuten hat. Sind es überhaupt Teilchen? Wenn ja, Teilchen wovon? Oder Wellen? Aber Wellen wovon? Sind es vielleicht Schleifen von Energiestrings? Doch was haben wir uns darunter vorzustellen? Sind es Wahrscheinlichkeitsfelder? Wenn ja, was bedeutet das? Oder handelt es sich womöglich sogar um Kombinationen von alldem? Das hilft uns aber sehr viel weiter!

Wir nennen diese Elementarteilchen Energie, Energiebündel, Partikel, Energiewellen oder gebundene Energie. Die

Bezeichnung »magisches Zeugs« würde es jedoch im Grunde viel besser treffen. Handelt es sich womöglich um irgendwelche gespenstischen, magischen Kleckse von etwas, das wir nicht verstehen? Genau! Können wir ihre Eigenschaften und ihr Verhalten mathematisch darstellen? Erstaunlicherweise tatsächlich, und zwar bis zur 30. Dezimalstelle und noch weiter!

In unserem Universum gibt es nur vier Arten von Elementarteilchen. Sie heißen Elektron, Neutrino, Up-Quark und Down-Quark. Aus drei dieser Elementarteilchen bestehen alle materiellen Objekte im Universum. Alles, was Sie sehen oder anfassen können – Sie, ich, Diamanten, Dreck, Sterne, Planeten und Galaxien –, besteht aus Elektronen und den beiden Quarks. Das Neutrino fliegt einfach im Raum herum und wirkt sich praktisch auf nichts aus, das wir kennen.

Als Physiker im Laufe der letzten siebzig Jahre alles Mögliche in hochleistungsfähigen Teilchenbeschleunigern zertrümmerten, fanden sie zum allgemeinen Erstaunen eine ganze Menagerie von unterschiedlichen Typen dieser winzigen Teilchen – genauer gesagt, 56, die allerdings nur winzige Sekundenbruchteile lang existieren und an der Bildung der Informationsmuster in unserem Universum nicht beteiligt sind.

Folglich lautet die Antwort auf Jennys erste Frage, nämlich die, woraus wir gemacht sind, tatsächlich: aus magischen Legosteinen – Quarks und Elektronen –, also winzigen Energiebündeln. Doch dann fragte sie ja weiter: Woraus bestehen Energiebündel, und wie steckt man sie so zusammen, dass sich andere, komplexere Dinge daraus ergeben? Wie kann man sie überhaupt zusammenstecken, wenn diese Energiebündel im Unterschied zu den richtigen Legosteinen doch gar keine massiven Kanten haben?

Bleiben Sie noch ein bisschen bei mir! Ich möchte nur schnell die Regeln ansprechen, die in unserem winzigen Baukasten herrschen und dafür sorgen, dass sich die Legosteinchen zusammenstecken lassen. Jedes unserer elementaren Energiebündel verfügt über einen bestimmten Satz von Eigenschaften, die sozusagen die Regeln definieren, wie die Teilchen miteinander interagieren. Diese Interaktionen lassen sich als vier Kräfte darstellen: Gravitation (Schwerkraft), Elektromagnetismus, schwache Atomkraft und starke Atomkraft. Die Kräfte – man spricht heutzutage auch von Wechselwirkungen – sind wie Energiefelder um die Elementarteilchen, die bewirken, dass sie genau so interagieren, wie sie es tun.

Und was sind Energiefelder? Am Computer lassen sie sich modellhaft als Austausch zwischen Teilchen, als Kraftwellen oder, wie im Fall der Gravitation, sogar als eine Krümmung der Raumzeit darstellen. Doch was ist das? Die Auswirkungen der vier Kräfte können wir unglaublich exakt abbilden. Was wir aber nicht verstehen, ist, worum es sich bei diesen Kräften handelt oder warum sie überhaupt existieren. Sehen beziehungsweise messen können wir immer nur die Auswirkungen der Regeln. Eigentlich gehen alle Interaktionen und Wirkungen im Universum auf Energiefelder und die Regeln zurück, die von ihnen aufgestellt werden. Alles, was Sie sehen, hören, fühlen, berühren, riechen, schmecken oder denken können, wird von Regeln hervorgebracht, die unsere Energiefelder definieren.

Energiefelder sind die Regeln, die im Raum um die Teilchen herum gelten. Haben nun die Teilchen die Felder oder die Felder die Teilchen erzeugt, oder erschafft und erhält der Raum selbst auf irgendeine Weise beides? Alles zusammen ergibt jedenfalls den unglaublich schönen Tanz einer einzigen magischen Substanz, die wir Energie nennen. Im Grunde haben wir aber keine Ahnung, worum es sich bei diesem mysteriösen Zeugs eigentlich handelt oder warum es existiert. Letztlich haben die Physiker im 20. Jahrhundert genau das zu Tage gefördert: eine geheimnisvolle Substanz, die aus ganz wenigen grundlegenden Formen und Eigenschaften … na ja, alles hervorbringt.

Nun mögen Ihnen die nächsten paar Seiten zwar vielleicht wie Physik vorkommen, da aber die meisten Leute lieber zum Zahnarzt gehen, als sich mit Physik zu beschäftigen, versichere ich Ihnen, dass es dabei um ganz etwas anderes geht. Ich erörtere nur kurz die Regeln, die festlegen, auf welche Weise sich unsere elementaren Energiebündel zu größeren Informationsmustern zusammenfinden, wie etwa zu australischen Beuteltieren, Rüben, Rosen, Ihnen und meiner Wenigkeit.

4

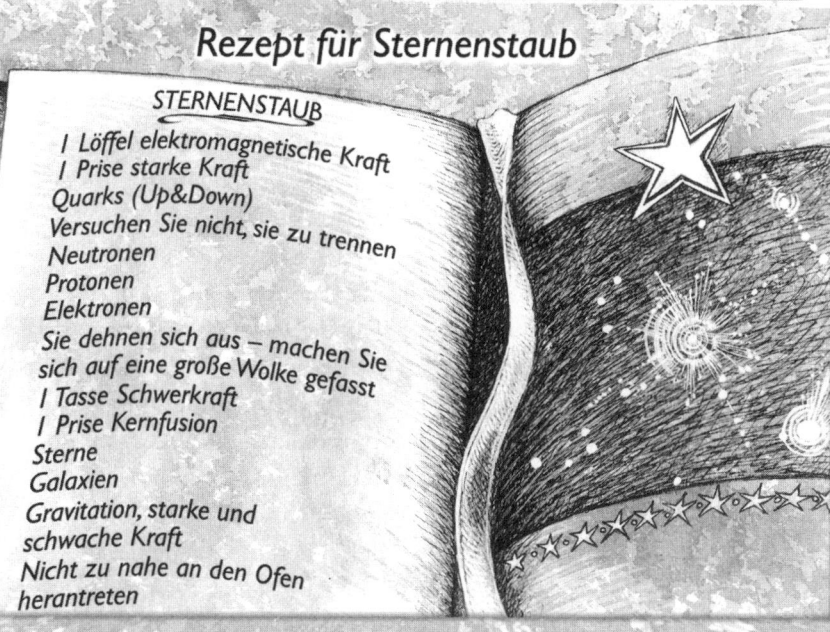

Rezept für Sternenstaub

STERNENSTAUB

1 Löffel elektromagnetische Kraft
1 Prise starke Kraft
Quarks (Up&Down)
Versuchen Sie nicht, sie zu trennen
Neutronen
Protonen
Elektronen
Sie dehnen sich aus — machen Sie
sich auf eine große Wolke gefasst
1 Tasse Schwerkraft
1 Prise Kernfusion
Sterne
Galaxien
Gravitation, starke und
schwache Kraft
Nicht zu nahe an den Ofen
herantreten

Die vier schöpferischen Reiter

Einige der bedeutendsten Physiker unserer Zeit suchen schon ihr ganzes Leben nach der Weltformel, jener Großen Vereinheitlichten Theorie, die sowohl die Teilchen als auch die vier Kräfte in einer einzigen mathematischen Formel zusammenfasst. Sie halten die Energiebündel, die wir Teilchen nennen, und die vier Kräfte beziehungsweise Wechselwirkungen nämlich für Ausdrucksformen ein und desselben Phänomens.

Bisher ist es ihnen bereits gelungen, den Elektromagnetismus mit der schwachen und der starken Atomkraft zu vereinigen. Was aktuell stattfindet, ist ein Wettlauf um die Einbeziehung der Gravitation. Damit wäre die Weltformel komplett.

Manche Leute meinen, das wäre dann auch das Ende der Physik, denn dann würden wir alle Regeln verstehen, und alle Fragen wären beantwortet. Die Physiker könnten danach ruhig ihre Arbeit einstellen. In gewisser Hinsicht stimmt das vielleicht sogar. Man stelle sich nur einmal vor: von der Postkutschenzeit zur Weltformel in knapp hundert Jahren. Selbst die 75 Prozent der Großen Vereinheitlichten Theorie, die wir derzeit haben, stellen ja schon eine außerordentliche Leistung dar.

Wird die Antwort auf alle Fragen, die die Physik beantworten kann, tatsächlich gefunden sein, wenn die Weltformel einmal aufgestellt ist? Möglicherweise, aber dann haben wir es immer noch mit der Energie zu tun, unserer geheimnisvollen Tänzerin. Im Modell darstellen können wir nur ihre Schritte und den Takt der Musik. Die Tänzerin selbst aber kennen wir nicht, und warum sie tanzt, wissen wir auch nicht.

Wenden wir uns nun den vier Kräften zu, die zwischen den Energiebündeln, unseren Elementarteilchen, am Werk sind.

Die starke Atomkraft. Dies ist die Kraft, die drei Quarks zu einem Proton oder Neutron verbindet. Die starke Kraft operiert nur über extrem kurze Entfernungen (Dimension der Protonenebene: 10^{-13} Zentimeter) und ist mit Abstand die stärkste der vier Wechselwirkungen. In einem Proton werden die Quarks so fest zusammengehalten, dass es praktisch unmöglich ist, eines herauszubrechen. Es erfordert so viel Energie, die Verbindungen zwischen den Quarks zu lösen, dass sie augenblicklich in neue Teilchen umgewandelt wird.

Quarks und starke Kraft sind also dauerhaft in den winzigen Bläschen im Raum zusammengesperrt, die wir Protonen und Neutronen nennen. In den Sternen bewirkt die starke Kraft dann, dass sich Protonen und Neutronen zu dichten Trauben von Energiebündeln verbinden, den Kernen unserer chemischen Elemente. Diese stellen quasi die nächste Ebene von Legosteinen dar, die sich wiederum zu noch komplexeren Dingen verbinden lassen. Wenn Sie planen, etwas Größeres zu erbauen, zum Beispiel ein Universum, gibt Ihnen die starke Kraft dafür also eine ziemlich praktische Regelsammlung an die Hand.

Was an der starken Kraft so erstaunlich ist, sind ihre exakte Stärke und ihre effektive Reichweite. Auf Protonenebene ist die starke Kraft 10^{38}-mal stärker als die Gravitation. Doch sie wirkt sich nur über eine Strecke von 10^{-13} Zentimeter aus. Nun ist 10^{38} eine unvorstellbar große Zahl. Die 15 Milliarden Jahre beispielsweise, die unser Universum schätzungsweise alt ist, stellen nur etwa 5 mal 10^{17} Sekunden dar. Somit entsprechen 10^{38} Sekunden einer Milliarde Billionen Lebensaltern unseres Universums. Diese unfassbaren Zahlen sind jedoch auch ein Hinweis darauf, dass die Regeln, die die starke Kraft und die Gravitation definieren, unglaublich präzise aufeinander abgestimmt sein mussten, damit Sie und ich oder alles Übrige überhaupt entstehen konnten.

Die elektromagnetische Kraft. Die elektromagnetische Kraft besteht zunächst einmal einfach aus positiv und negativ geladenen elektrischen Feldern rund um Elektronen und Protonen. Wie wir gesehen haben, sorgt die starke Kraft dafür, dass sich Quarks zu Protonen und Neutronen verbinden. Dabei bleibt noch so viel Kraft übrig, dass mehrere Protonen und Neutronen einen Atomkern bilden können. Ähnlich verhält es sich mit der elektromagnetischen Kraft. Sie versorgt diesen Atomkern mit Elektronen. Daraus ergibt sich das Atom. Dabei bleibt noch soviel Kraft übrig, dass sich bestimmte Atome zu Molekülen verbinden. Wäre es um die elektromagnetische Kraft auch nur geringfügig anders bestellt, gäbe es in unserem Universum weder Atome noch Moleküle.

Die elektromagnetische Kraft hat aber noch etwas anderes für sich. Während sich geladene Teilchen zwischen den verschiedenen Energieebenen innerhalb des Atoms hin und her bewegen, geben sie unstetige, diskrete Energiebündel ab, die noch viel winziger sind und Photonen genannt werden. Mit Lichtgeschwindigkeit (was nicht verwundern sollte, handelt es sich doch um Licht) flitzen sie durch den Raum und erfüllen dabei das Universum mit elektromagnetischer Strahlung, die sowohl Energie als auch Information überträgt. Diese Photonen sind die Teilchen/Wellen-Träger der elektromagnetischen Kraft.

Der elektromagnetischen Kraft haben wir also Atome, Moleküle, Elektrizität, Magnetismus und ein ganzes Universum voller Licht, Strahlungsenergie und Informationen zu verdanken. Wären Stärke und Eigenschaften der elektromagnetischen Kraft auch nur geringfügig anders, wäre absolut nichts so, wie wir es kennen.

Betrachten wir nur das erforderliche Gleichgewicht zwischen der elektromagnetischen und der starken Kraft. Wäre die starke Kraft auch bloß ein kleines bisschen schwächer, wären alle Atome, die größer sind als Wasserstoff, instabil und könnten nicht existieren. Wäre andererseits die starke Kraft stärker, als sie es ist, gäbe es nicht einmal Wasserstoff. Bei der geringsten Abweichung vom empfindlichen Gleichgewicht der Kräfte gäbe es keine Atome, keine Moleküle, überhaupt keine Chemie. An zunehmende Informationskomplexität und Leben wäre nicht zu denken.

Gravitation. Die Regeln der Schwerkraft kapieren wir doch alle, oder etwa nicht? Verstehen wir sie nicht sogar so gut, dass wir von einem Gesetz sprechen? Dinge fallen zu Boden. Gegenstände ziehen sich gegenseitig mit einer Kraft an, die auf ihrer relativen Masse beruht. Alles ganz einfach? Stimmt gar nicht. Die Regeln der Gravitation versteht im Grunde kein Mensch.

Zunächst einmal: Was ist eigentlich Masse? Bloß eine Eigenschaft der elementaren Energiebündel? Auf welche Weise bringt Masse Gravitationsfelder hervor? Wie kommt es, dass diese Felder an Stärke gewinnen, wenn die Masse zunimmt? Und was ist überhaupt ein Gravitationsfeld? Verfügt auch die Gravitation über ein Teilchen, das Träger der Kraft ist (wie im Falle der elektromagnetischen Kraft das Photon)? Aber wenn dem so ist: Warum konnten wir es dann bislang noch nicht entdecken? Einsteins Allgemeiner Relativitätstheorie zufolge ist die Gravitation im Grunde eine Krümmung von Zeit und Raum. Das hilft uns aber auch nicht viel weiter.

Jedes Elementarteilchen, das eine Masse hat, verfügt auch über ein Gravitationsfeld, das sich proportional zu dieser Masse verhält. Setzen sich diese Teilchen zu Atomen, Molekülen, Gaswolken, Felsen, Planeten, Sternen zusammen, nimmt das Gravitationsfeld entsprechend proportional zu.

Im Vergleich zur starken oder zur elektromagnetischen Kraft ist die Gravitation auf Teilchenebene (Elektronen, Protonen, Atome und Moleküle) so unglaublich schwach, dass sie praktisch keine Rolle spielt. Man füge aber nur ein paar Milliarden Billionen Atome zusammen, und schon wird die Gravitation zu einer außerordentlich starken Kraft.

Wäre die Gravitation auch nur infinitesimal stärker, bloß ein paar Teile in 10^{38}, würde sie den Prozess der Kernfusion, der in den Sternen stattfindet, übertreffen. Das hätte zur Folge, dass die Sterne ausbrennen und sich in superdichte Felsen verwandeln würden. Die kostbaren schweren Kerne, die sie enthalten, wären damit für immer perdu. Ein Stern muss aber als Supernova explodieren, damit er seinen kosmischen Staub (schwere Kerne, die durch Fusionsprozesse in den Sternen entstehen) in der Galaxie verstreuen kann.

Dieser kleine Tatbestand ist von allergrößter Bedeutung. Denn Sie, ich und alles andere, was es auf unserem Planeten gibt, besteht aus kosmischem Staub, aus Sternenstaub. Warum ich Jenny nicht einfach erklärt habe, sie wäre aus Sternenstaub, weiß ich eigentlich auch nicht. Es wäre genau die richtige Antwort gewesen. Und sie hätte mir eine Menge Ärger erspart.

Wäre andererseits die Gravitation bloß eine Spur schwächer, würde sie auf neuen Sternen von Verschmelzungsprozessen ausgestochen. Das hätte zur Folge, dass es gar nicht erst zu Kernfusionen käme. Es gäbe keine Sterne, keinen kosmischen Staub, und natürlich könnten auch keine Sterne explodieren. Das Spiel wäre aus, und im Weltall würden bloß riesige Wolken aus Wasserstoff und Helium herumwirbeln.

Die Regeln der Gravitation sind genau richtig. Sie ist so präzise auf die Fusionsfähigkeit der starken Kraft abgestimmt, dass unser Universum so sein kann, wie wir es kennen. Gäbe es in diesem Gleichgewicht der Kräfte auch nur allergeringste Abweichungen, bestünde das Universum nur aus riesigen Wasserstoff- und Heliumwolken oder aber aus großen Mengen ausgebrannter Sonnen.

Die Aufgabe der starken Kraft besteht also darin, zunächst Quarks zu Protonen und Neutronen zu verbinden und dann Atomkerne zu erzeugen. Die elektromagnetische Kraft sorgt dafür, dass diese Atomkerne mit Elektronen versorgt werden, wodurch Atome entstehen, die sich zu Molekülen verbinden (wobei Licht und andere Formen elektromagnetischer Strahlung mehr oder weniger hübsche Nebeneffekte sind). Die Gravitation übernimmt schließlich die Aufgabe, aus diesen Atomen und Molekülen Galaxien, Sonnen, Planeten, Sonnensysteme und so weiter zu erschaffen. Das sind die Regeln, denen unsere Legosteine unterliegen.

Die schwache Atomkraft. Durch das Zusammenwirken von starker Atomkraft, Elektromagnetismus und Gravitation entstehen also Protonen, Atome, Moleküle, Licht, Galaxien und Sterne. Im Vergleich dazu scheint es sich bei den Regeln der schwachen Kraft um etwas relativ Undramatisches zu handeln. Sie sorgen lediglich dafür, dass große Atomkerne zerfallen, indem sich einzelne Neutronen in ein kleines Energiebündel und ein Proton spalten. Im Vergleich zur Errichtung ganzer Galaxien mag uns das unerheblich vorkommen. Dennoch ist es von entscheidender Bedeutung.

Im Grunde handelt es sich bei der schwachen Atomkraft um eine Recyclingkraft, die bewirkt, dass schwerere Atome wieder in weniger komplexe, kleinere Atomkerne zerfallen, ähnlich den einfachen Bausteinen, aus denen komplexe Moleküle bestehen. Abgesehen davon spielt die schwache Kraft auch im Prozess der Explosion von Sternen als Supernovae, der zur Folge hat, dass sich der kostbare kosmische Staub mit all unseren chemischen Elementen in den Galaxien ausbreiten kann, eine wichtige Rolle. Bei dem ungeheuren Druck, der in einer solchen Supernova entsteht, kracht ein Strom von Neutronen auf die Atomkerne, die der Stern hat entstehen lassen. Dabei bilden sich schwerere Verbände aus Protonen und Neutronen. Die meisten davon sind jedoch instabil, das heißt, sie haben nicht die richtige Anzahl von Protonen und Neutronen aufzuweisen und können deshalb nicht fortbestehen.

Genau an dieser Stelle nimmt die schwache Kraft ihre bedeutendste Aufgabe wahr. Unter ihrem Einfluss nämlich beginnen sich innerhalb dieser instabilen Verbände Neutronen in Protonen zu verwandeln, und zwar so lange, bis der jeweilige Kern eine stabile Konfiguration erreicht hat.

Aufgrund des von der schwachen Kraft verursachten radioaktiven Zerfalls verwandeln sich die instabilen Gruppierungen aus Protonen und Neutronen, die bei der Supernova entstanden sind, allmählich in die stabilen Informationsmuster unserer chemischen Elemente. Die Bausteine der nächsten Komplexitätsebene verdanken wir also der schwachen Kraft. Denn ohne sie und ihre Supernovae würde die Gravitation alle schweren Atomkerne inklusive Eisen in ausgebrannten Sternen »verschließen«. Dann hätte es nie Sternenstaub gegeben und auch keine Planeten. Lange vor der Entstehung intelligenten Lebens wäre der Tanz vorbei gewesen.

Das also sind die Erkenntnisse der modernen Physik: Es gibt vier verschiedene Arten von Elementarteilchen, die alle aus demselben »Zeugs« bestehen. Darüber hinaus wirken vier Kräfte beziehungsweise Wechselwirkungen, die sich möglicherweise zu zweien zusammenfassen lassen, eventuell sogar zu einer einzigen großen Kraft. Diese Kräfte und ihre Kraftfelder können wir uns als Regelsätze vorstellen, die darüber befinden, auf welche Weise sich die elementaren Energiebündel verbinden und auf welche nicht. Allerwinzigste Abweichungen – und schon wäre das Universum vollkommen anders. Vergessen Sie nie: Alles besteht aus einem einzigen mysteriösen Etwas, das wir Energie nennen – aus winzigen, geisterhaften Energiebündeln mit Regeln, die mögliche Verbindungen definieren, aus denen schließlich ein ganzes Universum entsteht.

Nun, das war doch gar nicht so schlimm, oder? Mehr müssen Sie über starke und schwache Kraft, über Gravitation und Elektromagnetismus im Grunde gar nicht wissen. Und Sie haben Physik immer für schwer gehalten!

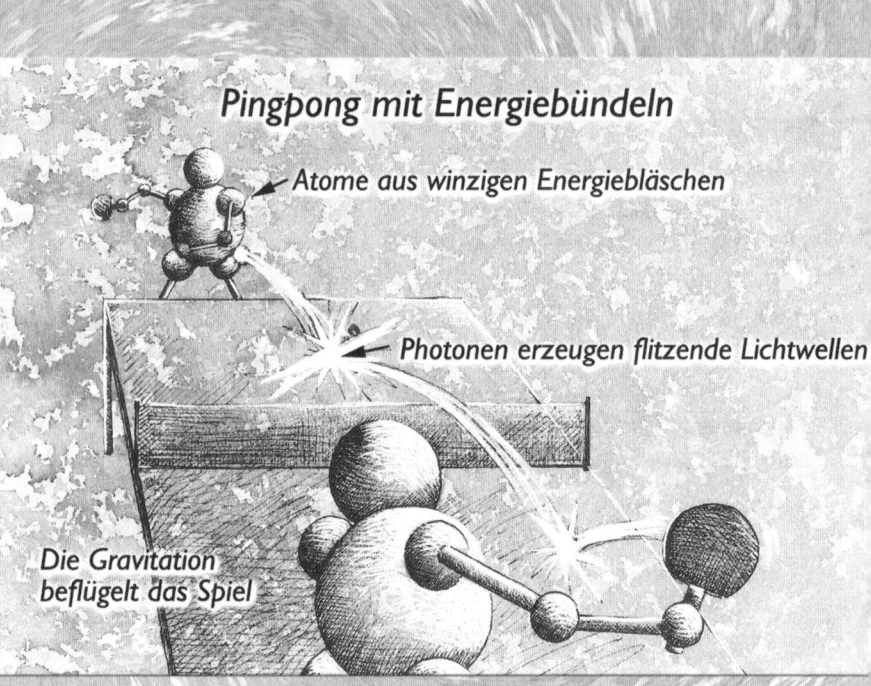

5

Pingpong mit Energiebündeln

Atome aus winzigen Energiebläschen

Photonen erzeugen flitzende Lichtwellen

Die Gravitation
beflügelt das Spiel

*Die starke Kraft blubbert,
die elektromagnetische Kraft flitzt,
die Gravitation saugt und
die schwache Kraft spielt Pingpong*

Niemandem fällt es leicht, sich die Elementarkräfte und -teilchen vorzustellen und sich auszumalen, wie sie in Zeit und Raum interagieren. Zum Teil liegt das daran, dass das, was herausgefunden wurde, tatsächlich komplex und unlogisch ist. Teilweise versperren uns aber auch der so genannte gesunde Menschenverstand und unsere Sprache den Weg zum Verständnis.

Als Jenny zehn war, unternahm ich einmal einen Versuch, ihr die ganzen Zusammenhänge zu erklären, und sie tischte mir ihre Sicht der Dinge auf. Na ja, eins kam zum anderen, wie das so ist, und nach einer Weile hatten wir das entwickelt, was wir unsere »Winzige-Bläschen«-Interpretation der modernen Physik nennen.

Am Anfang war alles ein Spiel. Doch am Ende war ich mir gar nicht mehr sicher, wer da wem etwas beigebracht hatte. Denn mit Hilfe unserer »Theorie« konnten wir uns beide eher vorstellen, was es mit den Energiebündeln und ihren vernetzten Interaktionsregeln auf sich hat. Ich kann nur hoffen, dass unser Modell auch Ihnen zu einem besseren Verständnis verhilft.

Gehen wir zunächst davon aus, dass der dreidimensionale Raum genauso existiert, wie wir ihn wahrnehmen. X-, Y- und Z-Achse sind völlig im Lot, ohne Krümmung oder Verzerrung, und verlaufen schnurgerade bis in die Unendlichkeit und weiter. Zweitens nehmen wir an, dass die Zeit absolut ist. Zwar mögen die Uhren schneller oder langsamer gehen, je nachdem, wie sie sich bewegen oder wo sie sind, aber die Zeit als solche existiert und bewegt sich auf einer geraden Linie in die Zukunft. Diese Auffassung von Raum und Zeit entspricht genau unserem so genannten gesunden Menschenverstand.

In diesem absoluten Raum und in dieser absoluten Zeit stellen Sie sich nun drei Kraftfelder vor, die miteinander koexistieren und einander überlappen.

Winzige Bläschen. Die Regeln der starken Kraft erzeugen im Raum winzige Bläschen. Jedes von ihnen enthält genau drei Quarks. Bei den Bläschen handelt es sich um Protonen und Neutronen – also um die Bausteine, aus denen sich die Atomkerne aller chemischen Elemente zusammensetzen. In den Bläschen ist die gesamte starke Kraft enthalten, die es im Universum gibt. Sie ist für alle Zeiten in den winzigen Bläschen eingeschlossen, die sie selbst erzeugt hat. Außerhalb von Protonen und Neutronen gibt es keine Felder der starken Kraft.

Flitzende Wellen. Die elektromagnetische Kraft weist zweierlei elektrische Ladung auf: positiv und negativ. Die von der starken Kraft erzeugten Protonen tragen eine positive elektromagnetische Ladung, während das dritte Elementarteilchen, also das Elektron, die negative Ladung trägt. Nun gestattet der Raum, der die starke Kraft in winzigen Bläschen verschloss, der Energie der elektromagnetischen Kraft, zwischen ihren beiden Polaritäten zu oszillieren und mit unglaublichem Tempo zwischen ihnen hin und her zu flitzen.

In Jennys Bläschen-Theorie der Physik erzeugt also die starke Kraft winzige Energiebläschen im Raum, und die elektromagnetische Kraft bringt Energiewellen hervor, die mit unglaublichem Tempo herumflitzen und sich im Raum fortpflanzen.

Das große Saugen. Die schwächste Kraft, die Gravitation, hat nur eine Ladungspolarität, die wir Masse nennen. Wie bei der starken Kraft ziehen sich auch in diesem Fall Massen gegenseitig an. Da die Gravitation auf Teilchenebene aber so schwach ist, erzeugt sie im Gegensatz zur starken Kraft nicht sofort Bläschen. Aufgrund ihrer Ladung und des Umstandes, dass sich Massen gegenseitig anziehen, bewirkt sie jedoch, dass sich Masse so ballt und verformt, dass gasförmige Wolken, ganze Galaxien mit Sonnen und Planeten entstehen. Oder, wie Jenny es ausdrücken würde: Die Gravitation saugt.

Übrigens kann auch die Gravitation durchaus Bläschen beziehungsweise Blasen im Raum erzeugen. Dabei handelt es sich um die so genannten Schwarzen Löcher. Bei genügend Masse, bezogen auf ein hinreichend kleines Volumen, wird die Gravitation in dieser Blase so stark, dass einem solchen Schwarzen Loch buchstäblich nichts entgeht und es jegliche Masse in der Umgebung wie in ein Gefängnis hineinsaugt. Allerdings lassen neueste Theorien die Vermutung zu, dass Schwarze Löcher eventuell sogar Energie *ausstrahlen*. Was zu der Spekulation Anlass geben könnte, dass es sich bei Schwarzen Löchern womöglich gar nicht so sehr um »Gefängnisse« handelt und dass sie unter Umständen sogar verschwinden können. Sicher ist jedenfalls, dass wir über Schwarze Löcher und ihre Rolle im Universum noch ziemlich viel in Erfahrung bringen müssen.

Da wären nun also: die starke Kraft, die winzige Bläschen erzeugt; die bipolare elektromagnetische Kraft, die Atome, Moleküle und im Weltraum herumflitzende Strahlungsenergie erzeugt; und die Gravitation mit ihrer einen Ladung, die irgendwie alles zusammensaugt.

Den Raum muss man sich in unserer Bläschen-Version der Physik so vorstellen, dass er drei separate Medien enthält, welche Träger der drei Wechselwirkungen sind – elektromagnetische Kraft, Gravitation und starke Kraft. Diese drei Trägermedien sind wie Stoffgewebe zusammengenäht. Sie liegen übereinander, und wenn eines von ihnen schrumpft, sich dehnt oder krümmt, zieht es die anderen Gewebe mit.

Wenn also die Gravitation in der Nähe eines so riesigen Objektes wie die Sonne wirkt und eine Delle im Gravitationsfeld (beziehungsweise -gewebe) erzeugt, nimmt sie dabei die beiden anderen Gewebe mitsamt ihren Kräften mit. Wenn die elektromagnetischen Anziehungskräfte stellenweise stark genug sind, dass sie Masse bewegen, krümmen sie die dreilagigen Gewebefelder, um die lokale Gravitationsdelle zu überwinden. Wenn die starke Kraft mehrere Protonen zu einem Atomkern zusammenschweißt, überwindet sie dabei die abstoßende elektromagnetische Kraft der positiven Ladung des Protons, indem sie das dreischichtige Gewebe so verzerrt, dass sie die anderen beiden Kräfte mitreißt.

Die Wellengewebe der Relativität. Und was wird in dieser vereinfachten Vorstellung aus der Relativität? Nun, die Trägergewebe der drei Kräfte, die fest »zusammengenäht« sind, bilden sozusagen das Gewebe des Raums. Alle Schichten und Kräfte verbiegen und krümmen, schrumpfen und dehnen sich gemeinsam, wenn sie mit Masse oder starker Kraft interagieren, mit elektromagnetischer Ladung oder Bewegung. Die Windungen von drei Geweben konnten Jenny und ich uns leichter vorstellen als eine Krümmung des dreidimensionalen Raumes, in dem sie stattfinden.

In unserem Modell biegen und krümmen sich die Trägergewebe der drei Kräfte im Raum. Das Verhalten von Teilchen und Zeit ist an jeder bestimmten Stelle des Gewebes abhängig von der jeweiligen Krümmung der zusammengenähten Felder. In unserer Vorstellung spielt sich das alles innerhalb eines absoluten dreidimensionalen Raumes und einer absoluten Zeit ab.

Pingpong. Nun fragen Sie sich vielleicht, was es in unserer Bläschen-Version der Physik mit der schwachen Kraft auf sich hat. Nun, die schwache Kraft bewirkt, dass ein Neutron in ein Proton zerfällt und dabei ein Elektron und ein Neutrino freisetzt. Wie Sie sich aber sicher vorstellen können, funktioniert das Ganze auch in umgekehrter Richtung. Wenn Sie also einem Proton die Energie hinzufügen, die einem Elektron und einem Neutrino entspricht, entsteht daraus ein Neutron.

Dieses Hinzufügen und Entziehen ganz spezifischer Energiepäckchen spielt sich zwischen allen Arten der Elementarteilchen ab. Wenn Sie zum Beispiel einem Elektron ein spezifisches Energiepäckchen hinzufügen, können Sie es in ein Neutrino verwandeln. Dasselbe Energiepäckchen kann aber genauso gut aus einem Up-Quark einen Down-Quark machen.

Sie können sich das so vorstellen, dass die schwache Kraft mit Energiepäckchen Pingpong spielt und bewirkt, dass sich die Teilchen in unseren Kraftfeldgeweben von einem Energiezustand in einen anderen, ja sogar von einem Teilchentyp in einen anderen, verwandeln. In Wirklichkeit ist die schwache Kraft allerdings nur für die eine Seite des Pingpongspiels zuständig – nämlich die Zerlegung des Neutrons.

Die Bläschen-Theorie besteht also aus drei miteinander verwobenen Geweben, die sich in einem absoluten Raum gemeinsam verbiegen und krümmen und winzige Bläschen gebundener Energie enthalten, die mit unsteten Energiepäckchen Fangen spielen. Wenn eines dieser Bläschen eines der Energiepäckchen empfängt oder aussendet, nimmt das betreffende Bläschen einen anderen Energiezustand an oder verwandelt sich sogar in einen anderen Bläschentypus.

Noch einmal: Jennys Bläschen-Version der Physik besagt, dass die starke Kraft winzige Bläschen erzeugt, dass die elektromagnetische Kraft Strahlungsenergie hervorbringt, dass die Gravitation saugt und dass die schwache Kraft Pingpong spielt. Das Ganze spielt sich innerhalb von drei engstens miteinander verwobenen Geweben ab, Trägern von Kraftfeldern, die sich in der absoluten Zeit und im absoluten Raum gemeinsam verbiegen und krümmen, schrumpfen und dehnen.

Eine Schar kleiner Bläschen, die mit noch winzigeren Energiebläschen Pingpong spielen, wobei sie den höchst präzisen Regeln der vier Kräfte gehorchen. Und das alles, um unglaublich komplexe Muster von Bläschen zu erzeugen, die leben und staunen und lieben – was für eine wunderbare Methode, ein Universum zu erschaffen. Und vergessen Sie nicht, das alles besteht aus Energie (Bündeln beziehungsweise Teilchen oder Partikeln, Wellen und Feldern), und was Energie eigentlich ist, wissen wir gar nicht.

Mysteriös ist auch noch, auf welche Weise das Raumgewebe Energie überträgt, wie es mit den Teilchen interagiert und mit den vier Kräften, deren Träger es zugleich ist. Der Raum ist anders, als Sie ihn sich vorstellen. Ihm muss etwas Magisches anhaften. Falls Sie noch ein paar Seiten Physik ertragen können – im nächsten Kapitel befassen wir uns kurz mit der Frage, was es mit diesem Raum-Zeit-Gewebe tatsächlich auf sich haben könnte.

6

Der Kosmostyp

Er krümmt sich!

Er wackelt!

Er hat Felder!

Er schäumt vor virtueller Energie!

Er dehnt sich aus!

Er wedelt!

Er steuert Energiebundel!

Er ist multimedial!

Er beherrscht die vier Kräfte

Er hat sich hoffnungslos in Energie, Felder, Regeln und sich selbst verheddert!

Äther, Leere – oder was sonst?

Was ist das also für ein Gewebe aus Raum, das Träger von Kraftfeldern ist und durch Interaktionen mit Masse, elektromagnetischer Ladung, starker Kraft und Bewegung gekrümmt und verzerrt wird? Existiert ein derartiges »Gewebe aus Raum« tatsächlich, oder ist der Raum in Wirklichkeit leer? Wahrscheinlich fragen Sie sich schon, warum Sie sich darüber eigentlich den Kopf zerbrechen sollten. Nun, heutzutage hat praktisch jeder zweite theoretische Physiker, Mathematiker und Kosmologe seine eigene Theorie darüber, was der Raum ist, wie viele Dimensionen er hat, was für Universen es bei Ihnen im Dachstübchen gibt und was das alles im Hinblick auf die Schöpfung zu bedeuten haben könnte.

Noch zu Beginn des 20. Jahrhunderts glaubten die meisten Physiker an ein Medium im Raum, das sie als »Äther« bezeichneten. Ebendieser Äther ermögliche überhaupt elektromagnetische und Gravitationsfelder.

Man stellte sich also vor, dass elektromagnetische Energie – Licht, Röntgenstrahlung, Radiowellen und Infrarotenergie – von diesem Äther durch den Raum getragen würde – etwa so, wie eine Welle durchs Wasser läuft oder der Schall sich in der Luft fortpflanzt.

Als dann jedoch Anfang des 20. Jahrhunderts Einsteins Relativitätstheorie und die Quantenmechanik unser ganzes Weltbild veränderten, setzte sich auch die Vorstellung von Energieübertragung durch Teilchen wie Photonen, die mit Lichtgeschwindigkeit durch den Raum fliegen, allgemein durch. Vom Äther als Übertragungsmedium spricht heute keine Menschenseele mehr.

Die Vorstellung faktisch unabhängiger Photonen, die in der Leere herumfliegen, sorgt aber auch für erhebliche Probleme. Sie führt nämlich zu widersprüchlichen Situationen, in denen es logisch unmöglich ist, die beobachteten Ergebnisse zu erzielen. Also mussten die Physiker neue Theorien entwerfen, wie sich die Dinge verhalten könnten. Gegenwärtig stehen die folgenden zwei besonders hoch im Kurs:

Keine eigentliche Wirklichkeit. Teilchen sind im Grunde Wahrscheinlichkeitsfelder, die nur dann zu einem realen Ereignis mit messbarer Substanz zusammenfallen, wenn sie beobachtet werden. Solange sie nicht von einem Bewusstsein wahrgenommen werden, existieren sie in einer Art von Wahrscheinlichkeitsnebel, in dem praktisch alle Bahnen und Standorte möglich sind. Letzten Endes wird in dieser Theorie die Behauptung aufgestellt, dass erst Bewusstsein und Beobachtung die Wirklichkeit erschaffen. Wenn dem so sein sollte, existiert dieser Kugelschreiber in meiner Hand nur, wenn ich ihn wahrnehme. Dann stellt sich natürlich die interessante Frage, warum wir offenbar alle denselben Kugelschreiber, dieselbe Sonne, denselben Mond, denselben Planeten wahrnehmen und somit erschaffen.

Multiversum. Es existieren unendlich viele Universen (man spricht deshalb auch vom Multiversum), in denen auf Quantenebene alle Ereignisse stattfinden. Die Verfechter dieser Theorie glauben, dass alle Quantenereignisse tatsächlich geschehen, sodass praktisch jedes ein ganz neues Universum erschafft. Jedes Haar auf meinem Kopf – und zwar alle sieben! – bringt also in jedem Sekundenbruchteil Billionen von Universen hervor. Und da meint meine Frau Anne immer, ich wäre stinkfaul. Den Verfechtern der Multiversumstheorie dient diese Idee der spontanen Entstehung unendlich vieler neuer Universen als Erklärung für die logischen Unmöglichkeiten, mit denen uns die Quantenmechanik konfrontiert.

Andere Wissenschaftler wiederum halten beide Auffassungen für falsch und meinen, eine einleuchtende Erklärung für diese logischen Unmöglichkeiten zu finden, sei überhaupt nur deshalb nötig, weil das Bild, das wir uns von der Übertragung elektromagnetischer Energie, von Energiefeldern und vom Raum machen, falsch sei.

Teilchen, die wie Photonen allein und unabhängig voneinander in der Leere agieren, können die Ergebnisse, die wir beobachten, nie hervorbringen. Neuere Experimente legen allerdings die Vermutung nahe, dass diese winzigen Energiebläschen und der Raum, der sie umgibt, auf irgendeine Weise seltsam miteinander verschränkt sind. Das hieße, dass es sich bei unseren Elementarteilchen in Wirklichkeit nicht um einzelne, voneinander unabhängige Energiebündel handelt, sondern dass sie unmittelbar miteinander verknüpft sind. Das widerspräche natürlich unserer ganzen Alltagslogik von Ursache und Wirkung, hieße es doch, dass etwas, das auf der anderen Seite des Universums geschieht, unmittelbaren Einfluss auf den Zustand eines Elektrons in meinem Zehnagel haben könnte. Falls sich diese neuen Entdeckungen bestätigen, ist unsere ganze Vorstellung davon, wie Kräfte und Teilchen interagieren, falsch. Informationen werden offenbar unmittelbar über weite Entfernungen hinweg ausgetauscht. Dieses Miteinander-Verflochtensein von Energie und Informationen über weite Strecken hinweg bedeutet, dass das Universum nicht bloß eine Ansammlung einzelner Teile ist, sondern vielmehr ein magisch vernetztes Ganzes.

Da Photonen Dinge widerfahren, die nicht geschehen könnten, wenn der Raum um sie herum eine passive Leere wäre und sie selbst kleine, unabhängige Einzelteilchen, muss es ein Übertragungsmedium geben, ein Gewebe, einen Äther, der steuert, was mit diesen Energiebündeln geschieht. Dieser Äther aber ist der Raum selbst. Auf welche Weise er es vermag, nicht allein Träger der Energie, sondern zugleich Träger der auf Informationen beruhenden Regeln zu sein, welche steuern, wozu die Energie alles in der Lage ist, wissen wir im Moment noch nicht.

Aber schauen wir uns doch einmal an, was schon alles Wunderbares über den Raum in Erfahrung gebracht wurde:

Offenbar ist der Raum auf irgendeine Weise Träger der Regeln von elektromagnetischen und Schwerkraftfeldern. Man kann sich sogar vorstellen, dass alle vier Kräfte nebst Feldern und Regeln von Regeln hervorgebracht und »getragen« werden, die irgendwie in den Raum integriert sind.

Die Allgemeine Relativitätstheorie besagt, dass Masse den Raum verzerrt, wodurch Gravitationsfelder entstehen, und dass Bewegung zu einer Krümmung von Raum und Zeit führt.

In der Quantenmechanik heißt es, dass die elektromagnetische Ladung im Raum um den Atomkern irgendwie Bereiche erzeugt, in denen die dazugehörigen Elektronen nur auf ganz speziellen, unsteten Energieniveaus existieren können.

Die Quantenmechanik besagt auch, dass der Raum keine Leere ist, sondern voller virtueller Teilchen, die im so genannten Quantenschaum irgendwie ständig existieren und auch nicht. In diesem virtuellen Quantenschaum könnte eine ungeheure Menge von Energie verborgen sein. Auch die Regeln, die die Interaktionen des Raums mit den Energieteilchen und -feldern steuern, sind wahrscheinlich in diesem Quantenschaum verborgen.

Vertreter der Stringtheorie versuchen den Beweis dafür anzutreten, dass der Raum eigentlich aus zwölfdimensionalen Wellenleitern besteht, die jeweils schwingende Saiten (strings) enthalten. Auf irgendeine Art bedient sich dieser zwölfdimensionale Raum der anderen Dimensionen und wird damit zum Träger aller ätherartigen Funktionen.

Was vielleicht am wichtigsten ist: Wie die bereits erwähnten neuesten Experimente allem Anschein nach beweisen, agieren die Energiebündel so, als würden sie ihre Umgebung kennen oder wären sofort mit ihr verbunden. Energie und Information scheinen so miteinander verschränkt, dass dem Ganzen augenblicklich Informationen über seine Teile zur Verfügung stehen.

All das bedeutet, dass der Raum keine passive Leere ist und dass Energie und Informationen nicht bloß nach dem Schema von Ursache und Wirkung miteinander kommunizieren, wie es unsere übliche Anschauung von der Wirklichkeit nahe legen würde. Für die Erzeugung von Energiefeldern, die Übertragung von Energie und Information sowie für das Verhalten unserer winzigen Bläschen scheint der Raum selbst eine aktive Rolle zu spielen. All das lässt die Vermutung zu, dass das Universum keineswegs eine kalte deterministische Ansammlung einzelner, voneinander unabhängiger mechanischer Teilchen ist, sondern viel eher eine Kugel aus vernetzter, in wechselseitiger Abhängigkeit befindlicher Energie. Wie es jedoch genau funktioniert, wissen wir nicht.

Damit ist Jennys Bläschen-Version der modernen Physik komplett. Demnach spielen Bläschen aus mystischer Energie Pingpong mit kleineren Energiebläschen, und zwar auf einer magischen »Tischtennisplatte«, die wir Raum nennen. Dieses Spielfeld windet und dehnt sich, schrumpft und vernetzt dabei zugleich die Spieler auf irgendeine höchst wundersame Weise, die sich unserem logischen Menschenverstand derzeit noch entzieht.

Zahllose Menschen haben irgendwann einmal gelernt, dass nichts mehr sei als die Summe seiner Teile, und halten unbeirrbar an dieser Überzeugung fest. Bläschen und Regelsammlungen haben jedoch einen bestimmten Zweck. Es ist ihre Aufgabe, größere und komplexere Informationsmuster zu erzeugen, die viel mehr sind als die Summe ihrer Teile. Neue Informationsmuster sind neue Einheiten mit ganz neuen Fähigkeiten, Regelsätzen und Wirkungen.

Von nun an geht es in diesem Buch nur noch um diese Informationsmuster, darum, dass sie dazu angelegt sind, Leben und Bewusstsein zu erschaffen und um die Frage, auf welche Weise Bewusstsein und Emotionen das Universum mit Sinn und Zweck zu versorgen.

7

Die großen Rätsel des Kosmos

Urknalltheorie

Feuerwerkstheorie

Fing alles mit einem großen Knall an?

Multiversum

Wird es sich ewig ausdehnen?

Gab es ihn schon immer?

Blütentheorie

Beschleunigt sich seine Ausdehnung?

Wird er wieder zu einem Punkt zusammenschrumpfen?

Hat er Brüder und Schwestern?

Unendliche Suppe

Wenn kein Knall, was sonst?

Feuerwerk, Blüte oder Suppe

Drei Viertel des Weges zur Weltformel hat die Kernphysik im 20. Jahrhundert zurückgelegt – eine bewundernswerte Leistung. Die Eigenschaften der Elementarteilchen-Energiebündel und die Regelsätze der vier Kräfte kann man heute präzise im Modell darstellen, man kann die herrschenden Wechselwirkungen in den Kraftfeldern analysieren und exakt vorhersagen. Schauen wir uns nun an, was es in der Praxis damit auf sich hat.

Wie wir heute wissen, ist unsere Galaxis, die Milchstraße, riesengroß – sie hat einen Durchmesser von über 300 000 Lichtjahren und umfasst mehr als 100 Milliarden Sterne. Was aber noch bemerkenswerter ist: Wir haben in unserem Universum noch etwa 100 Milliarden weitere Galaxien entdeckt. Jede von ihnen ist eine unglaublich große wirbelnde Scheibe, Ellipse oder Wolke aus Wasserstoff, Helium, Sternen und Sternenstaub.

Die Astronomen verwenden den Begriff Lichtjahre, weil sie Kopfschmerzen bekämen, wenn sie sich diese riesigen Entfernungen nach Kilometern vorstellen müssten. Ein Lichtjahr hat etwa 10 Billionen Kilometer, und folglich haben 300 000 Lichtjahre etwa 3 Trillionen Kilometer – eine Zahl mit 18 Nullen! Unsere Milchstraße hat also einen Durchmesser von 3 000 000 000 000 000 000 km …

Jenny und ich sind leidenschaftliche Sternegucker, und als sie mich einmal fragte, wie viele Sternlein wohl am Himmel stehen, erzählte ich ihr Folgendes.

Stell dir vor, du würdest in einer klaren Nacht auf einem abgelegenen Berggipfel stehen und die unglaubliche Schönheit des Himmels betrachten. Sehen würdest du jedoch nur etwa 3 000 bis 5 000 Sterne, also bloß einen ganz geringen Teil der 100 Milliarden. Und von den anderen Milliarden Galaxien könntest du mit bloßem Auge nur eine einzige erkennen, den Andromedanebel ganz in unserer Nachbarschaft. Was da im ersten Moment nur wie ein verschwommener Stern aussieht, machst du schon mit einem einfachen Fernglas als riesiges Sternenfeld aus.

Auf jeden einzelnen Stern, den du in dieser Nacht siehst, kommen allein in der Milchstraße über 30 Millionen Sterne und über 30 Millionen Galaxien, die jeweils Milliarden weitere Sterne enthalten. Da draußen im All gibt es also Trillionen und Abertrillionen ganz ähnlicher Sterne, von denen unsere Sonne nur einer ist, ein ziemlich gewöhnlicher zumal.

Damit sich Jenny unser Universum besser vorstellen konnte, griff ich zu einem Vergleich: Wäre unsere riesige Milchstraße ein Scheibchen von der Größe eines Cent, dann wäre das uns bekannte Universum (also der Teil, den wir tatsächlich sehen können) eine Kugel mit einem Durchmesser von knapp zwei Kilometern. In diesem Universum gäbe es über 100 Milliarden etwa centgroßer Galaxien. In Wirklichkeit sind die Abstände zwischen ihnen ziemlich unterschiedlich. Jedoch würde der Abstand zwischen den centgroßen Galaxien bei gleichmäßiger Verteilung in unserem Modell jeweils etwa 38 Zentimeter betragen.

Diese knapp zwei Kilometer große Kugel, die Milliarden centgroßer Galaxien enthält, dehnt sich wie ein Luftballon aus, wenn er aufgeblasen wird. Die Entfernung zwischen den Galaxien wird also ständig größer. Wenn Sie, wie auch Jenny, fürchten, das Universum könne auseinander fliegen, weil es sich annähernd mit Lichtgeschwindigkeit ausdehnt, können Sie sich ruhig vor Augen führen, dass es eine Million Jahre dauert, bis sich der Durchmesser unserer knapp zwei Kilometer großen Kugel um fünf Zentimeter vergrößert hat.

So Unrecht hatte Jenny trotzdem nicht, als sie sich wegen der Expansionsgeschwindigkeit des Universums Sorgen machte. Denn aktuellen Theorien zufolge ist es so: Wäre die Geschwindigkeit, mit der es sich ausdehnt, ein billiardstel Prozent langsamer gewesen, wäre die Gravitation stärker gewesen als die Ausdehnung. Und das hätte dazu geführt, dass das ganze Universum in sich zusammengefallen wäre, bevor sich Galaxien hätten bilden können. Und umgekehrt: Wäre die Expansionsgeschwindigkeit einen winzigen Bruchteil von einem Prozent schneller gewesen, dann wären die Teilchen so schnell auseinander geflogen, dass die Schwerkraft nicht die geringste Chance gehabt hätte, einige davon zu Galaxien zusammenzusaugen. Die Expansionsgeschwindigkeit musste also unfassbar präzise austariert sein, damit es uns überhaupt geben konnte.

Nun sollten Sie freilich auf alles gefasst sein, wenn Sie mit einer Zehnjährigen zum Sterngucken gehen, denn natürlich will sie sofort wissen, wie die ganzen Sterne und Galaxien eigentlich dort oben hingekommen sind. Und dann sitzen Sie ganz schön in der Patsche. Aber versuchen Sie ruhig, ihr das Unerklärliche zu erklären. Da ich mir sowieso keine großen Illusionen machte, wie mein Versuch bei Jenny ankommen würde, flüchtete ich mich gleich in die Zauberformel »Es war einmal …«

Es war also einmal, etwa vor 15 Milliarden Jahren, wie Wissenschaftler vermuten, da war die gesamte Energie (Bündel und Kräfte) unseres Universums in einem einzigen winzigen Punkt konzentriert. Man kann nur spekulieren, wie es dazu gekommen war – vielleicht durch ein riesenhaftes Schwarzes Loch, aufgrund einer instabilen Singularität oder möglicherweise auch einfach, weil Gott es so wollte. Jedenfalls bewirkte irgendetwas, dass dieser Energiepunkt explodierte. Mit einem Mal war die gesamte Energie unseres Universums vorhanden. Und sie begann so auseinander zu fliegen, dass eine Kugel entstand, die sich ausdehnte und ausdehnte. Und sie dehnt sich auch heute noch aus. Bei der Explosion handelte es sich natürlich um den berühmten Urknall.

Alles begann also mit einem Pünktchen, das sich ausdehnte und zu jenem sich immer weiter ausbreitenden kugelförmigen Universum wurde, in dem wir zu Hause sind. Am Anfang war es eine unglaublich heiße, dichte Kugel ganz aus Energie. Während sie sich aber ausdehnte, kühlte sie sich auch ab. Dabei saugte die Gravitation bestimmte Bereiche zu großen Wasserstoff- und Heliumwolken zusammen, aus denen schlussendlich Galaxien, Sterne, Planeten und Menschen wurden. Aus Pünktchen weißglühender Energie entstanden also riesige dunkle Wolken praktisch identischer Atome – und in all dem verbarg sich das Vermögen, komplexe Energiemuster hervorzubringen, die denken, lachen, lieben können und viel zu viel fernsehen.

Die anfängliche Explosion steckte so voller Energie, dass es nach einer Sekunde eine »Suppe« voller Protonen, Neutronen, Neutrinos und Elektronen gab, die sich rasch ausbreitete. Nun kann die Wissenschaft heute – und das ist im Grunde höchst erstaunlich – mit Hilfe ihrer Modelle der vier Typen von Elementarteilchen und ihren Kraftfeldern ziemlich genau erklären, was geschah.

Die elektromagnetische Kraft sorgte dafür, dass sich beim Abkühlen der »Suppe« Wasserstoff- und Heliumatome bildeten. Gravitation und Massenträgheitsmoment bewirkten, dass diese Atome zu großen gasförmigen Wolken zusammenfanden, die zu rotieren begannen und sich scheibenförmig zusammenzogen. Es ist also der Gravitation zu verdanken, dass aus Wasserstoff- und Heliumwolken Galaxien entstanden.

Aufgrund derselben Kraft bildeten sich in diesen Babygalaxien stellenweise gasförmige Haufen und Wirbel, die sich zu (ebenfalls gasförmigen) Kugeln verdichteten. Das ergab unsere Sterne. In diesen Sternen presste die Gravitation die Wasserstoff- und Heliumatome so dicht zusammen, dass sie in Kerne von ausschließlich positiver Ladung zerfielen.

Während diese bloßen Kerne immer dichter zusammengedrückt wurden, trat die starke Atomkraft auf den Plan und überwand die abstoßenden elektromagnetischen Kräfte, die zwischen Protonen gleicher Ladung herrscht. Das zündete den Motor der Kernfusion. In diesem Prozess werden Wasserstoff- und Heliumkerne zu schwereren, komplexeren Protonen- und Neutronenhäufchen verbunden. Und so entstehen schließlich in den Sternen die Atome unserer Elemente, nicht zuletzt das Eisen. Denn genau das ist die Aufgabe von Sternen: Sie lassen durch Fusionsprozesse Atomkerne entstehen. (Wir sprechen auch gern vom Sterne»kochen«.) Und das sind die Bausteine aller chemischen Elemente, die wir kennen.

Die Wissenschaft kann also schlüssig erklären, dass der Prozess der Kernfusion vom empfindlichen Gleichgewicht zwischen Gravitation und starker Atomkraft initiiert und aufrecht erhalten wird. Die Physik macht uns klar, dass die Masse eines Sternes die Geschwindigkeit bestimmt, mit der er verbrennt, womit sein Schicksal besiegelt ist. Sie vermag auch zu sagen, welche Sterne zu Supernovae werden, explodieren und ihren kosmischen Staub durch die Galaxie verstreuen. Dieser Sternenstaub vermischt sich dann mit der verbliebenen Suppe aus Wasserstoff und Helium, die in der Galaxie treibt, und setzt damit ihre Evolution fort. Er führt zur Bildung von Asteroiden,

Monden und Planeten. All diese bestehen aus Sternenstaub und kreisen um einen Stern der nächsten Generation.

Diese Planeten aus kosmischem Staub verfügen über ein reichhaltiges Reservoir an neuen Legosteinen, chemischen Elementen, die bereit sind, neue, komplexere Informationsmuster hervorzubringen. Mit der Erschaffung von Planeten geht auch die Entstehung eines neuen Regelsatzes einher. Darin ist festgelegt, wie sich der Planet verhalten wird. Über die weitere Entwicklung entscheiden seine Masse und die Entfernung von seiner Sonne. Werden Gravitation und radioaktiver Zerfall von Uran (schwache Atomkraft) genau so sein, dass es heiß genug ist und ein Kern aus geschmolzenen Metallen entstehen kann? Wird es diesem geschmolzenen Planeten vergönnt sein, einige seiner leichteren Teilchen zu Gasen zu »zerkochen«? Werden diese Gase entweichen können? Wird die Gravitation des Planeten kraftvoll genug sein, damit diese Gase »eingefangen« werden können und ihn mit einer Atmosphäre und mit Meeren ausstatten?

Es gibt hunderte von Büchern über Kosmologie, Galaxien, den Lebenszyklus von Sternen, ihre verschiedenen Arten, über die Eigenschaften von Schwarzen Löchern, die Auswirkungen der Relativität von Zeit, Raum, Materie und Kraftfeldern und die Dynamik dieses riesigen Universums. Sie zeigen uns ein erstaunliches Bild unseres Universums. Und wahrscheinlich 99 Prozent unseres gesamten Wissens über dieses gewaltige Panorama gehen auf wissenschaftliche Entdeckungen des letzten Jahrhunderts zurück.

Dank der Entwicklung immer stärkerer Teleskope, Radioteleskope und Supercomputer blicken wir immer tiefer ins Weltall, und ständig wachsen unsere Erkenntnisse über die genaue Struktur des Universums und seiner Bestandteile.

Aktuell sind wir dabei, die Milliarden sichtbarer Galaxien zu kartieren. Was vor dem Urknall war, entzieht sich dem Zugriff der Wissenschaftler. Umso mehr interessieren sie sich für die Zukunft unserer sich ständig weiter ausdehnenden Energiekugel.

Gegenwärtig konzentrieren sich die Theorien auf die Frage, ob es im Universum genügend Masse gibt, damit die daraus resultierende Gesamtgravitation die Expansionskraft überwinden kann, die zur Zeit dafür sorgt, dass die Galaxien immer weiter auseinander fliegen.

Das Universum als Blüte. Falls im Universum genügend Masse existiert, dass die Gravitation schließlich die Ausdehnung verlangsamt und umkehrt, könnte es sein, dass die Galaxien wieder zusammengezogen werden und sich zu dichten Wolken galaktischen Stoffs konzentrieren. Schließlich könnte die Gravitation alles in ein Schwarzes Loch saugen, womöglich sogar in jenes Pünktchen im Raum, mit dem alles begann. Vielleicht kommt es dann wieder zu einer Explosion, und das Ganze beginnt von vorn. In diesem Modell stellt das Universum quasi eine Riesenblume dar, die blüht, verwelkt und wieder zu dem Samen wird, der sie einmal war, nur um vielleicht immer wieder von Neuem zu erblühen.

Das Universum als Feuerwerksrakete. Gibt es im Universum andererseits nicht genügend Masse, dass die Gravitation seiner Ausdehnung Einhalt gebieten kann, dann fliegen – theoretisch – die Galaxien einfach immer weiter auseinander. Alles altert, kühlt sich ab und wird langsam zu eiskaltem, umhertreibendem Weltraummüll. Dieses Modell sieht das Universum als Feuerwerksrakete. In einem Moment brennt es ab, ist wunderschön, aber dann ist auch schon alles vorbei. Was bleibt, ist kalte Asche.

In beiden Modellen spielt die Gesamtmasse im Universum eine entscheidende Rolle (und demzufolge die Stärke der Gravitation). Damit wird in der Tat eine Frage von erheblicher Tragweite aufgeworfen. Wir können sie jedoch (noch) nicht beantworten. Es sieht allerdings so aus, als herrsche im Universum bedeutend mehr Gravitation, als es sich aufgrund der Materie, die wir sehen können, erklären lässt. Dies führt zu der logischen Schlussfolgerung, dass wir sie zum überwiegenden Teil gar nicht sehen können – nicht einmal wissen, worum es sich handelt. Wissenschaftler haben für diese unsichtbare Materie den Begriff Dunkelmaterie geprägt. Ihre exakte Beschaffenheit ist heute natürlich ein heißes Forschungsthema.

Aufgrund der Auswirkungen der gesamten (sichtbaren wie unsichtbaren) Materie muss man allerdings davon ausgehen, dass sie nicht groß genug ist, um den Prozess der Ausdehnung des Universums zum Stillstand bringen zu können.

Das Universum als Suppe. Es besteht jedoch auch ganz real die Möglichkeit, dass keines der beiden Modelle stimmt. Nicht einmal der Urknall ist ja bislang bewiesen. Denn ein glaubwürdiges Modell der Verteilung unserer Galaxien liegt nicht vor. Die Verfechter der Urknalltheorie mussten sich schon einige ziemlich wackelige Theorien ausdenken, samt Ausdehnungsgeschwindigkeiten, die höher sind als die Lichtgeschwindigkeit. Sie schlagen eine noch unbekannte Dunkelmaterie vor und bringen eine kosmologische Konstante ins Spiel, die sie anscheinend ständig ändern müssen, um jüngsten unerklärlichen Beobachtungen zum tatsächlichen Verhalten des Universums gerecht werden zu können. Neuere Befunde lassen übrigens die Vermutung zu, dass sich die Ausdehnung des Universums sogar beschleunigt. Dies würde bedeuten, dass wir den ganzen Expansionsprozess überhaupt noch nicht verstehen. Und dann ist theoretisch alles möglich. Es wäre zum Beispiel denkbar, dass sich die Energie unendlich im Raum ausbreitet und dabei ständig neue Galaxien entstehen, wie wir es auch in dem für uns sichtbaren Universum immer wieder beobachten können. Wenn man einmal das ziemlich erhebliche Problem ignoriert, dass dieses Modell die gegenwärtige Ausdehnung und Gestalt unseres sichtbaren Universums nicht zu erklären vermag, könnte durchaus etwas dran sein. Dann könnte das Universum ewig in Zeit und Raum existieren und permanent Galaxien hervorbringen mit allem, was dazugehört. Es wäre dann eine kontinuierliche Energiesuppe, die gelegentlich zu Massen ausklumpt, die dicht genug sind, um heiße Galaxien wie die unsrige zu erzeugen.

Wir müssen noch eine ganze Menge über Geburt und Lebenszyklus des Universums herausfinden. Dem Verständnis und der modellhaften Erklärung der Lebenszyklen von Galaxien sind wir jedoch schon bemerkenswert nahe gekommen. Und den Lebenszyklus eines Sterns verstehen wir sogar schon beinahe vollständig. Trotzdem gibt es noch eine ganze Reihe ziemlich ärgerlicher Probleme, wie etwa: Welche Rollen spielen Schwarze Löcher? Was befindet sich eigentlich im Zentrum einer Galaxie und wie entwickelt sie sich? Was ist »nicht nachweisbare« Dunkelmaterie? Gibt es andere Universen? Was befindet sich hinter dem Universum? Und dann ist da auch noch die Mutter aller Fragen: Warum gibt es das alles überhaupt? Und warum ist es dem kollektiven Bewusstsein der Menschheit gelungen, in relativ kurzer Zeit so viel zu begreifen?

8

Komplexität der Schöpfung

Verschlüsselte Informationen   Zunehmende Komplexität

Bücher	Leben
Seiten	Zellen
Absätze	Proteine
Sätze	Aminosäuren
Wörter	Moleküle
Buchstaben	Atome
Zeilen	Protonen
Farbkleckse	Quarks

Schokoladeneis oder Grips – das Ganze und die Summe seiner Einzelteile

Bevor wir aber zu eingebildet werden, wollen wir uns erst einmal den »Dingen« zuwenden. Insbesondere den Fragen: Was ist ein »Ding« eigentlich, und kann etwas (Neues) mehr sein als die Summe seiner Teile? Wenn ja, gehorcht es dann auch einem anderen, neuen Regelsatz? Ich bin mir ziemlich sicher, dass ein sieben Pfund schweres Erdferkelbaby anderen Interaktionsregeln folgt als zum Beispiel sieben Pfund Avocadocreme, dennoch besteht beides aus exakt der gleichen Anzahl identischer Teile.

Das Ganze fing mit einer Unterhaltung mit meiner Tochter Jenny an, als sie etwa elf war. Ich wollte ihr den Unterschied zwischen Zufall und Planung beziehungsweise Design erklären. Da mir das aber nicht ganz leicht fiel, schweifte ich ab und versuchte ihr klar zu machen, dass ein Design mehr sei als die Summe seiner Teile, weil es codierte Informationen enthalte. Ich werde es wohl nie lernen! Denn natürlich hakte sie gleich ein und fragte mich: »Was sind Informationen, und wie codiert man sie in ein Design?«

Tja, da musste ich erst mal lange nachdenken, und dann beschloss ich, ihr eine Geschichte zu erzählen, die etwas ausgeschmückte Fassung eines Textes, den ich Jahre zuvor einmal gelesen hatte.

In ferner, ferner Zukunft – wir sind schon längst alle verschwunden – besucht eine Gruppe von Weltraumreisenden die Erde. Sie finden nur eine Bibliothek vor, die wir zurückgelassen haben. Diese Bibliothek enthält Bücher über alles, was wir jemals gelernt, erlebt und erfahren haben: unsere beste Literatur, also die Summe der *condition humaine*, Schilderungen von Leidenschaft, Schmerz, Lust und Torheit. Was wir geleistet und erschaffen hatten, unsere gesamte Wissenschaft und Technik, all das hatten wir in dieser Bibliothek schriftlich niedergelegt, in der Hoffnung, dass eines Tages genau solche Besucher kommen und einiges von und über uns lesen würden.

Nun handelte es sich bei unseren Besuchern, die zwar interplanetarische Reisen unternahmen und hochintelligent waren, allerdings um telepathische Wesen, die noch nie einer Sprache oder einem Buch begegnet waren. Mit Begriffen wie Sätze, Wörter, Buchstaben, Interpunktion und Kommunikation konnten sie nicht das Geringste anfangen. Als sie unsere Bibliothek entdeckten, waren sie jedoch ganz fasziniert und voller Aufregung. Sie wussten gleich, dass es sich um etwas ganz Bedeutendes handelte, und wollten es unbedingt untersuchen und seine Geheimnisse entschlüsseln. Also betrauten sie einige ihrer allerhellsten Köpfe mit der Aufgabe, unsere Bibliothek zu analysieren und herauszufinden, woraus sie bestand.

Rasch kamen sie dahinter, dass Bücher die elementaren Bausteine dieser Bibliothek waren. Aber woraus bestanden Bücher? Offenbar waren die Bausteine, die zur Herstellung von Büchern verwendet wurden, einzelne Seiten. Nach weiteren Analysen stellte sich heraus, dass Seiten mit Text aus Zeilen voller Symbole bestanden. Jede Zeile wiederum setzte sich aus Gruppen von Wortmustern zusammen. Jedes dieser Muster bestand aus Gruppen von kleineren Buchstabenmustern. Jeder Buchstabe schließlich war ein Muster von geometrischen Formen wie Kurven und geraden Linien.

Dann aber wurde es mühsamer, sodass unsere Weltraumreisenden ihre Lupen herausholten und entdeckten, dass jede geometrische Form aus einer Ansammlung von Farbklecksen bestand. Die Kleckse ließen sich nur in bestimmten Varianten kombinieren, damit sie eine Sammlung von Mustern bildeten. Diese kleinen Punktmuster (Buchstaben) ließen sich nur in einer offenbar breiten Vielfalt von Zufallsmustern (Wörtern) kombinieren, und so weiter und so fort, bis man schließlich herausfand, dass offenbar die ganze Bibliothek aus Büchern mit scheinbar willkürlichen Klecksmustern bestand.

Unsere Weltraumreisenden waren ungeheuer stolz auf sich. Sie hatten die Geheimnisse der Bibliothek entschlüsselt, konnten sich allerdings nicht so recht vorstellen, warum sich jemand die Mühe gemacht haben sollte, eine derart große Sammlung absolut sinnloser Klecksmuster anzulegen. Sie kehrten zu ihrem Raumschiff zurück und flogen ab, überzeugt, dass es darüber hinaus nichts weiter zu erfahren gab.

Unsere Besucher kamen nicht dahinter, dass ein Buchstabe viel mehr ist als ein Muster aus Farbklecksen, dass er Informationen enthält und auf einer ganz neuen, anderen – höheren – Ebene eine Funktion und einen Zweck erfüllt. Natürlich fanden sie auch nicht heraus, dass ein Wort mehr ist als eine Gruppe von Buchstaben, dass auch in diesem Fall gilt, dass es eine »höhere« Bedeutung enthält. Mit Sätzen verhält es sich genauso. Keinen Moment lang kam unseren Besuchern der Verdacht, dass es sich bei Farbklecksen, geometrischen Formen, bei Buchstaben, Wörtern, Sätzen und Büchern um Schichten zunehmend komplexeren Informationsgehalts handeln könnte. Herrlichkeit, Torheit und Schmerz, die unsere Existenz ausmachen, entgingen ihnen vollkommen. Sie verkannten den ganzen Sinn und Zweck der Bibliothek.

Die Frage klingt im Grunde ganz einfach: Kann etwas mehr sein als die Summe der Teile, aus denen es besteht? Wenn Dinge verbunden werden, um etwas anderes, Neues zu bilden, werden Informationen codiert. Das neue Ding kann seinerseits dazu verwendet werden, wieder andere, neue Dinge hervorzubringen – so entstehen Ebenen fortschreitender Komplexität mit jeweils neuem Informationsgehalt. Nun würde natürlich jeder Reduktionist, der sein Geld wert ist, kontern, unsere Weltraumbesucher hätten doch Recht gehabt. Im Grunde wären die Bücher tatsächlich bloß Ansammlungen von Farbklecksen. Die verschiedenen Schichten von Komplexität, Information, Funktion, Sinn und Zweck in unserer Bibliothek würden erst im Geist, in unserem Bewusstsein, erzeugt.

Hätte meine Geschichte allerdings nicht von Büchern gehandelt, sondern von einem hochmodernen Supercomputer, wäre das Ergebnis wahrscheinlich ziemlich ähnlich gewesen. Nach einer eingehenden Analyse des Rechners wären unsere Besucher aus dem Weltraum möglicherweise zu der Schlussfolgerung gekommen, das ganze Ding sei nichts als scheinbar willkürliche Wiederholungen von Mustern aus Kristallsand. Sie hätten die vielschichtigen Halbleiterfunktionen auf der Quantenebene, die Kombinationen dieser Halbleiterstrukturen zur Bildung elementarer elektronischer Strukturen und die Kombinationen von elektronischen Strukturen zur Erzeugung von elektronischen Schaltelementen übersehen. Auch die Kombination von Schaltstrukturen zur Erzeugung elektronischer Schaltkreise hätte ihnen entgehen können, die Verbindung elektronischer Schaltkreise zur Erzeugung komplexer Chips, die Kombination mehrerer Chips zur Erzeugung der Platine und so weiter, bis hin zum kompletten Supercomputer, den wir entworfen und gebaut hatten. Ach, übrigens, er enthält die ganze Bibliothek aus der vorigen Geschichte als Muster von Einsen und Nullen auf zwei kleinen Scheiben gespeichert.

Es ist also ganz ähnlich wie bei der Bibliothek. Nur dass sich bei Büchern die gesamte Komplexität tatsächlich erst im Bewusstsein des Lesers erschließt. In der zweiten Geschichte ist sie auch in der materiellen Welt vorhanden. Jedes Element hatte eine Form, eine Funktion, einen Zweck und wurde in

Verbindung mit anderen Elementen in präzisen Informationsmustern verwendet, um eine ganze Reihe immer komplexerer
neuer Dinge zu entwerfen und herzustellen.

Jede neue Komplexitätsebene stellt eine neue, separate Einheit dar. Zwar besteht unser Supercomputer faktisch bloß aus
einem Haufen elementarer Muster in Silizium, Germanium
und Kupfer. Zugleich ist er aber auch viel mehr als das. Eine
Stufe höher als die einfachen Kristalle stehen die in das Silizium und Germanium geritzten elektronischen Knotenpunkte.
Diese sind neue elementare Einheiten, deren Zweck es ist, zur
Konstruktion elektronischer Schaltelemente mit neuen Funktionen verwendet zu werden. Diese schichtweise Progression
codierter Informationskomplexität geht so lange weiter, bis
man einen neuen Computer hat, der eine neue Qualität darstellt und über ein neues Set von Fähigkeiten und Funktionen
verfügt. Das Endergebnis ist also eine ganze Menge mehr als der
Haufen Sand, mit dem alles angefangen hat.

Ingenieure sind aber nicht die einzigen Designer, nicht die
Einzigen, die etwas gestalten. Komponisten nehmen die
Noten unserer Tonleiter und machen daraus neue Melodien,
Lieder oder ganze Symphonien. Stets handelt es sich dabei um
eine neu geschaffene Einheit. Bildende Künstler verwenden
die Grundfarben und -formen, um Bilder und Skulpturen zu
erdenken und zu erschaffen. Architekten bedienen sich elementarer Formen und Materialien, um schöne und nützliche
neue Gebäude zu entwerfen und zu erbauen. Köche nutzen ihr
Wissen über Grundnahrungsmittel und -geschmacksqualitä-
ten, um köstliche Mahlzeiten zuzubereiten. Unternehmer setzen ihr Wissen über elementare Produktions- und Marketing-
vorgänge ein, um neue Geschäftszweige zu errichten. An-
wälte ... na ja, sechs von sieben – gar nicht so schlecht.

Entscheidend ist: Wenn etwas Neues gestaltet wird, beinhaltet es neue Ebenen von Informationsgehalt, welche definieren, wie seine Teile zusammengesetzt wurden. Etwas Neues kann über neuartige Fähigkeiten verfügen oder aber als Ausgangspunkt für die nächste Ebene von Informationskomplexität dienen. In diesen neuen Funktionen beziehungsweise Konstruktionsmöglichkeiten besteht der Zweck neuer Informationsmuster. Bücher sind der Zweck von Buchstaben. Der Zweck von Noten sind Musikkompositionen. Computer sind der Zweck elektronischer Schaltelemente.

Denken Sie daran: Drei Pfund Schokoladeneis und ein drei Pfund schweres menschliches Gehirn bestehen aus exakt den gleichen Einzelteilen. Drei Pfund von allem X-Beliebigen in diesem Universum sind aus exakt der gleichen Anzahl identischer Quarks und Elektronen wie drei Pfund von irgendetwas anderem. Alles ist sowohl die Summe seiner Einzelteile als auch das Informationsmuster, nach dem diese Einzelteile zusammengesetzt sind.

Wenn man das Wesen von irgendetwas verstehen möchte, muss man daher nicht nur seine Bestandteile und die Informationsmuster studieren, nach denen sie zusammengefügt wurden, sondern auch den gesamten Regelsatz, der festlegt, was der betreffende Gegenstand kann oder nicht kann. Wie jeder Designer weiß, besteht das Geheimnis eines Entwurfs in der Eleganz und Komplexität des enthaltenen Informationsmusters, aber nicht zuletzt auch darin, welche neuen Kompetenz- und Funktionalitätsebenen eröffnet werden.

Menschen sind Gestalter. Aus elementaren Ausgangsdingen erschaffen wir etwas Neues. Wir lieben elegante, effiziente Designs und wissen ganz genau, dass sich aus einem Vorrat ganz weniger elementarer Bausteine immer komplexere Einheiten mit zunehmend komplexeren Informationsinhalten, Funktionen, Möglichkeiten und Zweckbestimmungen erschaffen lassen.

Jeder Entwurf, der den Test der Zeit besteht, verfügt über bestimmte wertvolle Eigenschaften, etwa in puncto Funktion, Schönheit oder Rhythmus. Eventuell ist er aber auch als Baustein für die nächste, auf Informationen beruhende Komplexitätsebene besonders geeignet. Die nützlichsten oder schönsten Entwürfe und Baukästen wissen wir so zu schätzen, dass wir sie in Erinnerung behalten. Die anderen werden bei künftigen gestalterischen Arbeiten nicht mehr berücksichtigt.

Warum dieser Abstecher auf die Gebiete von Design, Komplexitätsebenen, Funktion, Bausteinen, Zweck, Eleganz, Schönheit und Sinn? Es liegt mir gewiss fern, die gewaltigen Leistungen unserer Wissenschaftler schmälern zu wollen. Aber eigentlich haben sie nichts weiter entdeckt als Farbkleckse (Elementarteilchen) und die Bibliothek, in der sie untergekommen sind (Universum). Aber die wahre Majestät des Alls liegt in den vielen Schichten komplexer, auf Informationen beruhender Muster, die diese Farbkleckse hervorbringen sollen. Um unser Universum zu verstehen, müssen wir akzeptieren, dass winzige Energiebündel zwar die Kraft liefern mögen, doch die ganze Herrlichkeit stiftet erst die verschlüsselte Information. Konzentriert man sich auf die winzigen Energiebündel, dann wird alles, was sie erzeugen, zu unbedeutenden, beinahe zufälligen Nebeneffekten. Erkennen wir jedoch, dass die wahre Herrlichkeit der Schöpfung in der Information liegt, die in die Muster codiert ist, zu denen sich die Energiebündel zusammenfügen, werden wir begreifen, dass Schönheit und Zweckhaftigkeit dieser Muster stetig an Komplexität zunehmen – von Quarks und Elektronen bis schließlich hin zu Bewusstsein und menschlichen Gefühlen.

9

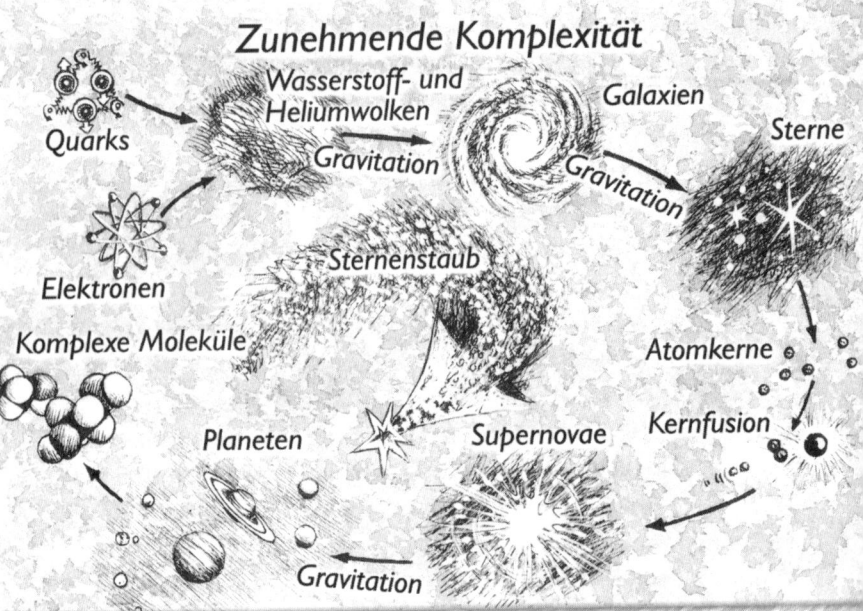

Zunehmende Komplexität

Quarks

Elektronen

Wasserstoff- und Heliumwolken

Gravitation

Galaxien

Gravitation

Sterne

Sternenstaub

Komplexe Moleküle

Planeten

Gravitation

Supernovae

Atomkerne

Kernfusion

Sternenstaub

Und wie kommt es nun zu dieser fortschreitenden Komplexität? Bislang haben wir festgestellt:

Gebundene Energie bringt die Elementarteilchen hervor: Quarks, Elektronen und Neutrinos.

Aus Quarks werden Protonen und Neutronen.

Protonen, Neutronen und Elektronen ergeben Atome.

Im Verbund mit der Gravitation erzeugen Wolken aus Wasserstoff- und Heliumatomen Galaxien. Davon gibt es Milliarden.

Galaxien bringen Sterne hervor. Davon gibt es Trillionen.

Aus gestalterischer Sicht ist im Universum nichts dem Zufall überlassen, lässt sich die zunehmende Komplexität der Ausgangsmaterialien leicht erkennen: von Elementarteilchen über Protonen, Wasserstoffatome, Galaxien bis hin zu den Sternen. Zwar ist es ein ziemlich großer Schritt vom Wasserstoffatom zur Galaxie – ein Riesenschritt sogar. Das Ziel besteht jedoch im Grunde immer darin, fortschreitend komplexere Verbindungen von Quarks und Elektronen in Form komplexerer (schwererer) Atome hervorzubringen. Die nächste Stufe ist dann die Verbindung von Atomen zu Molekülen.

Schwere, komplexere Atome lassen sich nur auf eine Weise herstellen: indem Protonen und Neutronen so eng zusammengepackt werden, dass die starke Kraft, die sich ja nur über infinitesimal (winzigst) kleine Entfernungen auswirkt, sie zu neuen Einheiten, Atomkernen, verbinden kann. Dieser Prozess der gravitationsgestützten Kernfusion findet in den Sternen statt. Dort werden Protonen zu schwereren Atomkernen zusammengefügt.

Ohne Sterne gäbe es im Universum keine Atome oder gar Moleküle, sondern nur riesige spiralförmige Wasserstoff- und Heliumwolken.

Somit handelt es sich ungeachtet ihrer Größe bei Galaxien im Grunde nur um die Grundbausteine, aus denen Sterne bestehen. Und bei Sternen handelt es sich ungeachtet all ihrer Majestät bloß um die Grundbausteine von Atomen und Strahlungsenergie. Atomkerne und Strahlungsenergie wiederum dienen nur als Ausgangspunkt für die nächste Ebene der Komplexität.

Wir lassen uns leicht von der gewaltigen Ausdehnung des Weltraums beeindrucken, von der schieren Größe der Galaxien und Sterne. Der ganze wunderbare Prozess zielt jedoch auf Komplexität ab und nicht auf Größe. So steckt zum Beispiel in einem Insekt eine bedeutend höhere Informationskomplexität als in einem Stern. Was an unserem Universum tatsächlich beeindruckt, sind die komplexen Informationsmuster, die in den Molekülen verschlüsselt liegen. Wie wir bereits gesehen haben, bestimmt die Ausgangsmasse, die zu einem neuen Stern zusammengefunden hat, sein Gravitationsfeld, die Geschwindigkeit der Fusionsverbrennung und sein Schicksal. Wären Gravitation und Fusion nicht so unglaublich ausgewogen, könnten Sterne nicht als Supernovae explodieren und ihren kostbaren Sternenstaub aus schweren Kernen im Weltraum verbreiten.

In diesem ganzen Prozess der Verwandlung von Energie, ausgehend vom Wasserstoff- und Heliumatom bis hin zu den Planeten, gibt es unendlich viel, das extrem präzise abgestimmt und eingerichtet sein musste, damit dieses Universum so werden konnte, wie es ist. So hätte es zum Beispiel zahllose Möglichkeiten gegeben, dem Kernfusionsprozess in den Sternen Einhalt zu gebieten. Und ohne Atomkerne gäbe es keine Ausgangsbasis für den weiteren Tanz der Informationskomplexität. Dieser Tanz hört aber nicht auf, denn alles, jedes einzelne Energieniveau jedes einzelnen Elektronenorbitals jedes einzelnen Atoms, ist genau so eingerichtet, dass der Tanz weitergehen konnte und weitergehen kann.

So verlangen es die Gesetze der Physik: Wenn die Gravitation die Bildung einer Galaxie oder eines Sterns einleitet, beginnt sich die Materie an der betreffenden Stelle zu einer scheibenförmigen rotierenden Ansammlung von Masse zusammenzufinden. Während diese Scheibe rotiert, werden in der Galaxie aus Strudeln Sterne und im Sonnensystem Planeten und Asteroiden. Gravitation, Massenträgheitsmoment und Masse mussten so beschaffen sein, dass sie rotierende Scheiben mit lokalen Strudeln hervorbringen konnten. Sie waren exakt so angelegt.

Sobald ein Stern explodiert, wirkt das spiralförmige Saugen der Gravitation wie ein Riesenstaubsauger, der den Sternenstaub samt seiner Wasserstoff- und Heliumwolken aufsammelt und in der riesigen Sternbrutstätte Sterne der zweiten, dritten und vierten Generation bildet. Sterne der nächsten Generation werden sodann von Sternenstaub begleitet, der sie umkreist und die Form von Planeten, Asteroiden, Kometen, Felsbrocken und so fort annimmt. Die Interaktion zwischen diesen explodierenden Sternen und den Wiederaufbereitungskapazitäten der Galaxien ist so perfekt abgestimmt, dass Sonnensysteme wie das unsere entstehen können, in denen es Planeten gibt, die ihren Stern umkreisen.

Ein Gestalter betrachtet Quarks, Elektronen und die vier Kräfte und erkennt ein Gestaltungsmuster, das sorgfältig ausgewogen und abgestimmt ist, um erst Wasserstoffatome, dann Wasserstoffwolken, Galaxien, Sterne der ersten Generation, schwere Kerne, Supernovae, Sternenstaub und schließlich Sterne der nächsten Generation erschaffen zu können. Sterne späterer Generationen haben ein Sonnensystem mit kreisenden Planeten, die aus der ganzen Vielfalt der atomaren Grundelemente im Sternenstaub bestehen.

Jede neue Ausgangsbasis erzeugt einen komplexeren, auf Informationen beruhenden Bauplan aus Elektronen und Protonen, bis schließlich Planeten daraus hervorgehen, in denen alle Grundlagen für unsere Elemente vertreten sind und die einen Stern umkreisen, der sie mit Strahlungsenergie versorgt.

Auf den ersten Blick sind also Planeten bloß extrem winzige, x-beliebige Teilchen aus Gesteinsmüll in der riesigen Weite des Weltraums. Im galaktischen Maßstab sind sie so klein, dass es an Bedeutungslosigkeit grenzt, nichts weiter als beliebige Staubkörner.

Unter gestalterischen Gesichtspunkten lässt sich jedoch leicht erkennen, dass es sich bei Planeten um die komplexesten Informationsformen aus Atomen und Molekülen handelt, die es im Universum überhaupt gibt. Und genau in diesen neuen komplexen Einheiten besteht die Möglichkeit, noch komplexere Einheiten zu erschaffen.

Aus der Sicht eines Designers war das gesamte galaktische System, das sich überall in unserem Universum wiederholt, so angelegt, dass Planeten und ihre kostbare Fracht von auf Information basierenden Gestaltungsmöglichkeiten entstehen konnten. Im Maßstab des großen Ganzen sind Planeten alles andere als unbedeutend. Sie sind im Gegenteil die allerkomplexesten Strukturen, die wahren Diamanten unseres Universums.

Der Prozess, der damit begann, dass magische Energie die Form einer kleinen Anzahl gebundener Zustände annahm, scheint ein Ziel zu haben: die Bildung immer komplexerer Einheiten. Jede Komplexitätsebene ist präzise darauf angelegt, als Baumaterial für die nächste Ebene dienen zu können, sodass dieser wunderbare Tanz von Energie und Information auf der Quantenebene unablässig zunehmend komplexere Strukturen hervorbringt. Und mit der Erschaffung jeder dieser zunehmend komplexeren Strukturen wohnen wir dem Entstehen von etwas Neuem bei, das über neue Interaktionsregeln und Fähigkeiten verfügt und den Keim für kommende, noch komplexere Informationsmuster in sich trägt.

Ein wahrhaft beeindruckender Gestaltungsplan! Die logische Frage lautet natürlich: Warum? Was ist es, das diesen Tanz von Energie und Information dazu anregt, zunehmend komplexere Formen anzunehmen?

10

Kein Muster?

Quarks – reiner Zufall
Atome – reiner Zufall
Galaxien – reiner Zufall
Sterne
Supernovae
Sternenstaub
Planeten
Ozeane
Atmosphäre
Moleküle
Proteine
Zellen
Organe
Augen
Herzen   Gehirne   Bewusstsein   Emotionen

Lauter Zufälle?

Babys
Liebe
Staunen
Gedächtnis
Wahrnehmungs
vermögen
Intelligenz

Alles reiner Zufall, und die Unendlichkeit ist ein Riesending!

Quantenmythologie und Schöpfung

Wenn wir der wissenschaftlichen Methode treu bleiben, ist eine Theorie richtig, wenn sie experimentell verifiziert werden konnte.

Nur im Hinblick auf »unsere« Teilchen, Kräfte, »unser« Universum, »unsere« Galaxien, Sterne, Elemente, Moleküle und Informationsmuster verfügen wir über gesichertes Wissen. Wir haben keinerlei wissenschaftliche Beweise und wissen absolut nichts über andere Universen, andere Elementarteilchen, Grundkräfte, physikalische Gesetze oder Dimensionen. Spekulationen darüber sind nichts als pseudowissenschaftliche Mythenbildung.

Wir könnten die Großartigkeit unseres Universums abtun, indem wir behaupten, es gebe unendlich viele andere. Das hieße aber, eine wesentliche wissenschaftliche Tatsache zu ignorieren: Dieses außerordentlich schöne Universum, das wir bewohnen, existiert tatsächlich!

Naturwissenschaftler betrachten sich selbst ja als skeptische Gralshüter der Wahrheit und verweisen alles ins Reich der Mythologie, das sich nicht beweisen lässt. In der naturwissenschaftlichen Methode hatten sie ein Instrument gefunden, mit dem sich in atemberaubendem Tempo eine wahre Erkenntnis nach der anderen zu Tage fördern ließ. Ihr Wissen und ihr Selbstbewusstsein steigerten sich, bis sie auf die Unlogik der Quantenmechanik stießen. Und dann bastelten sie sich (zumindest einige) ihre eigenen Mythologien zusammen, um das Unerklärliche erklären zu können.

Im Umgang mit Autoritäten müssen wir uns immer eine gesunde Portion Skepsis bewahren. Besondere Vorsicht ist jedoch geboten, wenn Spekulationen so oft wiederholt werden, dass sie schließlich als Wahrheiten gelten, auch wenn sie nicht im Experiment verifiziert wurden.

Menschen sind schon ziemlich schlaue Geschöpfe. Heute, zu Beginn des 21. Jahrhunderts, vermögen wir mit Hilfe der wissenschaftlichen Methode viele Regeln unseres Universums zu entschlüsseln. Also wissen wir, dass bestimmte Dinge wirklich und wahrhaftig wahr sind.

Sprechen Sie mir bitte nach:

Wir wissen Bescheid über Elementarteilchen, Wechselwirkungen und Naturgesetze. Wir wissen, dass sie unglaublich präzise aufeinander abgestimmt sein müssen, damit Galaxien, Sterne und Planeten entstehen können.

Wir wissen, dass unser Universum aus Milliarden ganz ähnlicher Galaxien besteht. Im Großen und Ganzen ist daran nichts Zufälliges oder Chaotisches. Es sieht ganz so aus, als wäre unser Universum – das einzige, von dem wir wissen, dass es tatsächlich existiert – dazu bestimmt, Galaxien zu erschaffen.

Wir wissen, dass jede dieser Galaxien Billionen ganz ähnlicher Sterne hervorgebracht hat und das auch weiterhin tun wird. Galaxien bringen Sterne hervor. Genau das ist ihre Aufgabe.

Wir wissen, dass jeder dieser Sterne eifrig schwere Kerne »kocht«, indem er Wasserstoff- und Heliumkerne miteinander verschmilzt. Genau das ist die Aufgabe von Sternen.

Wir wissen, dass manche Sterne explodieren und dass die Galaxie diesen Sternenstaub aus Atomen zu neuen Sternen und Planeten recycelt. Daran ist nichts Zufälliges – das ganze Universum ist voll davon.

Das Recycling von Sternenstaub diente und dient dazu, Planeten zu erschaffen.

Wir wissen, dass Elektronen und Protonen die Ausgangsbasis für das Entstehen komplexerer Atome und Moleküle sind, die sich in einer schier unendlichen Vielfalt von Informationsmustern zu allen möglichen wunderbaren Dingen kombinieren lassen.

Wir wissen, dass diese komplexen Moleküle ungeheure Mengen von Informationen enthalten können – das DNA-Molekül beispielsweise enthält alle Informationen, die zum Bau eines Menschen oder einer Milliarde anderer Lebewesen erforderlich sind.

Und schon höre ich die Reduktionisten empört aufschreien: »Wie sind Sie denn jetzt von der Existenz zum Plan gelangt?«

Nehmen wir einmal an, Sie gehen in eine Fabrik, die von vorn bis hinten mit Corvettes voll steht. Nehmen wir weiter an, Sie wüssten, woraus eine Corvette besteht. Sie beobachten, dass alle Rohstoffe in die Fabrik transportiert und zu den Einzelteilen verarbeitet werden, die man für eine Corvette braucht. Während Sie durch die Fabrik spazieren, sehen Sie, wie diese Teile zu Corvettes zusammengebaut werden. Da Sie über eine gewisse naturwissenschaftliche Bildung verfügen, kommen Sie zu dem nahe liegenden Schluss, dass diese Fabrik wohl dafür da ist, Corvettes zu produzieren. Und Sie kämen natürlich im Leben nicht auf die Idee, diese Fabrik hätte sich einfach so ergeben – und hätte es auch noch so lange gedauert. Nein, als naturwissenschaftlich gebildeter Mensch wissen Sie ganz genau, dass diese Fabrik von langer Hand geplant und aufgebaut wurde.

In unserem Universum gibt es Milliarden von Galaxien, die annähernd gleichmäßig verteilt sind. Nichts an Galaxien ist zufällig, denn das Universum wurde so geschaffen, dass es sie hervorbringen kann und hervorbringt. In jeder Galaxie gibt es Milliarden von Sternen. Auch an deren Existenz ist nichts

Zufälliges. Schließlich gibt es Billionen und Aberbillionen von ihnen, und sie tun alle exakt das Gleiche: Sie erzeugen die Atomkerne der chemischen Elemente. Sterne wurden so konzipiert, dass sie genau das tun. Die Atome unserer Elemente wurden mit genau jener unglaublichen Präzision konstruiert, die erforderlich war, dass daraus die Bestandteile des Lebens werden konnten. Und auf zahllosen Planeten werden diese Teile zu immer größeren Molekularmustern zusammengebaut, die ganz offensichtlich zur Entstehung von Lebewesen dienen können. Und genau so war es.

Wenn Sie mit demselben wissenschaftlich fundierten Denken, mit dem Sie auch die Corvette-Fabrik analysiert haben, unser Universum betrachten, kommen Sie zwangsläufig zu dem Schluss: Da waren Planung und Gestaltung am Werk. Mit anderen Worten: Es handelt sich um ein Design, bei dem die Einzelteile hervorgebracht und zusammengebaut werden, aus dem Leben und Bewusstsein bestehen.

Zweiter Teil

Unser lebendiges Universum – jetzt geht der Spaß erst richtig los

11

Planeten – die Diamanten der Schöpfung

Planeten bringen komplexe
Moleküle hervor

Aus komplexen Molekülen
werden Proteine, Zellen,
DNA, das Leben

Kein Sinn
ohne
Bewusstsein

Planeten haben den
komplexesten Informa-
tionsgehalt

Das Leben erzeugt Gehirne,
Bewusstsein, Wahrnehmungs-
vermögen, Gedächtnis, Emotionen,
Willensfreiheit, Intelligenz

Billionen und
Aberbillionen
erdähnlicher
Planeten?

Es geht um Komplexität,
nicht um Größe

Planeten entstehen aus kosmischem Staub

Planet Erde regiert

Das Design hat sich fortschreitend entwickelt, aus Energie zu Quarks, zu Protonen, zu Wasserstoff, zu Galaxien, zu Sternen, zu Sternenstaub, bis hin zu Planeten – aber warum? Um diese Frage beantworten zu können, müssen wir uns etwas genauer anschauen, was Planeten eigentlich tun.

Ein Planet besteht aus den chemischen Elementen, die in den Sternen erschaffen werden. Ein Gesteinsplanet wie die Erde nutzt die beim radioaktiven Zerfall von Uran (schwache Atomkraft) entstehende Wärme sowie die Gravitation, um aus diesem Sternenstaub eine Flüssigkeit zu machen, die den Kern des Planeten bildet. In diesen geschmolzenen, flüssigen Kern versinken die schwereren Elemente und Verbindungen, während die leichteren Verbindungen obenauf schwimmen. Dies bewirkt die Differenzierung der Elemente – das Ergebnis ist ein Kern aus geschmolzenem Eisen, der von einem Mantel aus geschmolzenen Metallen umgeben ist. All das trägt eine leichtere Kruste aus Silikatverbindungen (Granit), wobei auch Spuren der schwereren Metalle in der Gesteinskruste eingeschlossen sind. Der geschmolzene Kern »zerkocht« einige leichtere Moleküle zu Gasen. Wenn dieser Planet die richtige Größe hat, wird sein Gravitationsfeld diese Gase in einer Atmosphäre festhalten, in der sich die Gasmoleküle mischen und andere Verbindungen eingehen können.

Was dann geschieht, hängt davon ab, wie weit der Planet von seiner Sonne entfernt ist, wie viel Strahlungsenergie er empfängt und welche Temperatur infolgedessen auf ihm herrscht. Die Oberflächentemperatur des Planeten wiederum entscheidet darüber, ob Wasser die Aggregatszustände flüssig, gasförmig und fest annehmen kann oder ob es nur als Gas (heiße Planeten) oder nur als Feststoff (kalte Planeten) vorkommt. In unserem Sonnensystem sind sowohl der Merkur als auch die Venus zu nahe an der Sonne, als dass es dort Wasser in seiner flüssigen Form geben könnte. Der Mars andererseits ist zu weit von der Sonne entfernt. Es gibt also eine bestimmte Umlaufregion um die Sonne, in der feuchte Planeten wie die Erde möglich sind. Da diese Region jedoch ziemlich groß ist, hätte sich auch der Mars um ein Haar qualifiziert. Und vielleicht gab es auf dem Mars sogar tatsächlich einmal Wasser, als er noch jünger und heißer war. Dies wäre auch der Fall, wenn unsere Sonne gegenwärtig noch wärmer wäre. Hätte sie dagegen eine geringere Temperatur, gäbe es Wasser auf der Venus.

Wissenschaftler gehen davon aus, dass dieselben Kräfte, die aus wirbelnden Wasserstoff- und Heliumwolken zusammen mit kosmischem Staub Sterne machen wie die Sonne, auch dafür sorgen, dass Planeten entstehen, die diesen Stern umkreisen. Diejenigen Planeten, die ihrem Stern am nächsten sind, sich also auf den innersten Umlaufbahnen befinden, sind aus Gestein und verfügen – wie Merkur, Venus, Erde und Mars – über eine sehr dünne Atmosphäre. Weiter entfernte Planeten werden Anziehungspunkt für große Mengen von Gasen, die während des chaotischen Prozesses der Sternentstehung aus den Gebieten der inneren Umlaufbahnen entwichen sind. So kommt es zu größeren Gasplaneten wie Jupiter, Saturn, Uranus und Neptun. In unserem Sonnensystem scheint nichts dem Zufall überlassen worden zu sein. Die Gesetze der Physik und die sich daraus ergebenden Regeln, von denen die herumwirbelnden Scheiben aus Wasserstoff und Sternstaub gesteuert werden, sind genau so beschaffen, dass sie Sonnen wie die unsrige erzeugen, um die eine Planetenfamilie kreist, die ebenfalls der unsrigen gleicht.

Nun, wenn das alles so stimmt, ist nicht auszuschließen, dass neben unserer Sonne noch viele andere Sterne existieren, um die ein oder zwei feuchte Planeten kreisen. Es gibt ja über 100 Milliarden Galaxien in unserem Universum mit jeweils mehreren Milliarden Sternen. Wenn auch nur ein Prozent dieser Sterne Planeten hätten, die sie umkreisen, könnte es also durchaus sein, dass es auch Millionen und Abermillionen feuchte, erdähnliche Planeten gibt.

Schauen wir nun, wie es um die Entwicklung von Informationen auf feuchten Planeten bestellt ist. Falls der betreffende Planet die richtige Größe und Entfernung von seinem Stern aufweist, hat er eine abgekühlte Kruste aus festen Silikatverbindungen, die auf dem flüssigen geschmolzenen Kern schwimmen. Gase in der Atmosphäre des Planeten kondensieren, fallen als Flüssigkeiten zurück und bilden Ozeane. Der aufgrund der Drehung des Planeten zyklisch variierende Einfall von Strahlungsenergie bewirkt, dass in der Atmosphäre und in den Ozeanen Strömungen entstehen, die einen temperaturbedingten Austausch zur Folge haben. Die Flüsse, die aus diesen Kondensationsprozessen entstehen, versorgen die Ozeane immer aufs Neue mit schwimmendem Sternenstaub.

All diese Prozesse resultieren in einer reichhaltigen »Suppe« aus Atomen und Molekülen. »Umgerührt« und am »Köcheln« gehalten wird sie von Strahlungsenergie. Genau das alles tun Planeten. Im Gesamtentwurf ist das ihr Daseinszweck. Die Erde ist kein Zufall. Die vier Grundkräfte und die fortschreitende Entwicklung einer auf Informationen beruhenden Komplexität sind dazu bestimmt, Planeten wie die Erde hervorzubringen.

Was Informationsgehalt, Komplexität der zur Verfügung stehenden Bausteine und Vielfalt möglicher Interaktionen betrifft, ist ein Planet selbstverständlich bedeutend vielschichtiger als eine Wasserstoffwolke. Was jedoch vielleicht nicht ganz so selbstverständlich ist: Ein Planet ist auch erheblich komplexer als ein Stern. Sterne erzeugen Atomkerne und Strahlungsenergie – das ist alles. Planeten dagegen können eine unendliche Vielfalt komplexer Moleküle produzieren, die große Mengen von Information transportieren und denen ein gewaltiges Potenzial für weitere Gestaltungsmöglichkeiten innewohnt.

Das Muster ist deutlich zu erkennen: ausgehend von freien Elektronen und Protonen entwickeln sich zunehmend anspruchsvollere Verbindungen. Ein Planet ist idealerweise so konstruiert, dass er Sternenstaub in einen flüssigen und gasförmigen Zustand umwandelt und die sich daraus ergebende »Suppe« sanft umrührt und erwärmt, damit sich komplexere, Informationen transportierende Moleküle bilden können. Dass der Tanz der Komplexität weitergehen kann, ist den Planeten zu verdanken.

12

Moleküle – verschlüsselte Informationen

Die Bausteine der Moleküle: 92 Elemente

Es erzeugt ein komplexes Feld

Komplexe Moleküle
aus Millionen Atomen

Je nach Form und
Feldladung folgt das
Molekül bestimmten Regeln

Ein Molekül ist
ein codiertes
Informationsmuster

Diese Regeln bewirken, dass sich unterschiedliche Molekültypen unterschiedlich
verhalten und interagieren

Dies setzt unglaublich
präzise Verbindungen voraus

Atome und Moleküle –
der ultimative Legokasten

Als ich Jenny erklärte, sie bestehe aus winzigen Legosteinen, die man Quarks und Elektronen nennt, hätte ich ihr genauso gut sagen können, dass die Legosteine, aus denen sie besteht, Atome, Moleküle, Zellen oder Organe heißen und jeweils extra Baukästen mit höherer Informationsdichte darstellen.

Nachdem wir gesehen haben, wie wichtig die Sterne für die Erzeugung der Informationsmuster von Atomen sind, wollen wir uns nun mit der Bedeutung der Planeten bei der Entwicklung komplexer Moleküle beschäftigen, den Bausteinen für die nächste Komplexitätsebene.

Die Quantenmechanik hat gezeigt, dass Energie nur in ganz bestimmten unstetigen Päckchen vorkommt und dass eine ungeheure Präzision im Spiel ist, wenn diese Päckchen innerhalb eines Atoms interagieren. Oder, wie Jenny es ausgedrückt hätte: Die Atome und ihre Elektronen spielen Pingpong mit winzigen Energiebündeln.

Bevor uns die Quantenphysik ihre Geheimnisse enthüllte, stellten wir uns ein Atom gern als Ansammlung kleiner Elektronenmurmeln vor, die den Atomkern auf verschiedenen, genau abgezirkelten Umlaufbahnen umkreisen. Die Anzahl der Elektronen im niedrigsten Energiezustand (der am weitesten vom Kern entfernten Umlaufbahn) bestimmt darüber, welche Verbindungen das betreffende Atom eingehen kann. Atome, deren äußere Umlaufbahn nicht voll mit Elektronen ist, haben ein elektrisches Feld um sich, das es ihnen ermöglicht, sich ihre Elektronen mit anderen Atomen zu teilen und sich mit ihnen zu verbinden – vorausgesetzt, sie haben die entsprechende Anzahl von Elektronen in ihrer äußeren Umlaufbahn. Von der Interaktion der elektrischen Felder, die die Atome umgeben, hängt also ab, was geschieht, wenn sie aufeinander treffen.

Atome sind im Grunde wie runde Legosteine verschiedener Größe, die außen unterschiedliche Verbindungszapfen haben. Manche (die Edelgase) haben keinerlei Verbindungszapfen, andere einen, wieder andere haben verschieden viele und auch unterschiedliche Zapfen und können eine große Vielfalt von Verbindungen eingehen. Das Kohlenstoffatom zum Beispiel kann besonders viele Verbindungen mit anderen Atomen eingehen, weil es in der äußeren Umlaufbahn über vier leere Elektronensteckplätze verfügt.

Stellen Sie sich vor, Sie würden einen Raum betreten, in dem sich Millionen Kugeln unterschiedlicher Größe und Farbe befinden. Nehmen wir an, alle Kugeln derselben Farbe, zum Beispiel die grünen, hätten exakt dieselbe Größe und wären mit genau denselben Zapfen und Steckplätzen versehen. Es gibt Kugeln in 92 Farben, von denen jede für eine einzigartige Zusammenstellung von Größe und Verbindungszapfen steht.

Bei manchen Farben können Sie die Kugeln miteinander verbinden und bei anderen nicht. Sie stellen fest, dass die Verbindungselemente so geformt sind, dass Sie sehr große Gruppen von Kugeln zu einer Fülle schöner und nützlicher Objekte verbinden können. Und aufgrund der Präzision der Verbindungen können Sie wiederholt große identische Objekte bauen, die bis zu einer Million Kugeln enthalten.

Nun stelle ich Ihnen eine ganz wichtige Frage: Zu welchem Schluss kämen Sie unter diesen Umständen?

Würden Sie denken: Diese Legokugeln wurden extra dafür gemacht, dass man diese ganzen wunderschönen Dinge aus ihnen bauen kann?

Oder würden Sie sich sagen:

Reiner Zufall, dass es sie gibt. Und noch ein größerer Zufall, dass man aus diesen Legokugeln so schöne Sachen bauen kann.

Nun, bei den Atomen unserer 92 Elemente handelt es sich genau um so einen Baukasten mit Legokugeln. Und sie wurden in derartiger Präzision erschaffen, dass man alles andere daraus zusammensetzen kann. Nur sind die Verbindungszapfen in Wirklichkeit nicht hart oder fest. Vielmehr resultieren sie aus den Interaktionen der elektromagnetischen Felder jener geisterhaften Elektronenwolken, von denen jedes Atom umgeben ist. Und die Regeln der Quantenmechanik lassen nur ganz bestimmte, unglaublich präzise Interaktionen zu.

Auf Quantenebene ist es so, dass Elektronen, Protonen und Neutronen ganz präzise definierte, eigenständige Energiepäckchen absorbieren oder freisetzen, die innerhalb des Atoms von einer möglichen Energieebene auf eine andere springen. Zum Glück, denn so werden Atome zu Sendern oder Empfängern der Energiepäckchen, die man Photonen nennt. Diese Photonen fliegen aus dem Atom heraus und erfüllen den Raum mit Licht und anderen Formen elektromagnetischer Strahlungsenergie. So entsteht ein Universum, in dem der Raum zwischen den »Gegenständen« mit Informationen gefüllt ist. Wir können Sterne, Berge, Blüten und andere Menschen sehen. Wir können die Kraft der Sonne spüren. Wir können sogar die elektrische Strahlung von Galaxien messen, die wir überhaupt nicht sehen.

Das Universum wäre nicht mehr wieder zu erkennen, würden sich diese Photonen (Energiequanten) nicht genau so verhalten, wie sie es eben tun. Richtig dunkel wäre es, und wir hätten keinerlei Informationen darüber, was da draußen so alles herumschwirrt – oder auch direkt neben uns. Es gäbe keine Möglichkeit, die Erhabenheit des Ganzen wahrzunehmen oder zu würdigen. Licht ist eine herrliche Beigabe zum Universum. Vor allem aber ist es unabdingbar, wenn bewusste Lebewesen Informationen aufnehmen und weitergeben sollen. Ohne Licht wäre das gar nicht möglich.

Wir können mathematische Modelle hypothetischer Universen erstellen, in denen die Energie kontinuierlich ist und keine Photonen existieren. Kalt und dunkel wäre es, und größere Moleküle in nennenswerter Zahl gäbe es auch nicht. Ohne Licht könnten Sie nichts Schönes wahrnehmen, was aber auch keine Rolle spielen würde, denn ohne die Vielfalt größerer Moleküle gäbe es überhaupt nichts Schönes.

Unsere atomaren Legokugeln sind wie die Buchstaben, aus denen sich molekulare Wörter bilden lassen.

Atome und Moleküle liefern die Information, das Licht und andere Formen elektromagnetischer Energie sind dazu da, sie zu übermitteln. Und all das ist dazu bestimmt, sich zu wunderbarer Komplexität zu erheben und vom bewussten Geist wahrgenommen zu werden.

13

Alles Leben beruht auf Kohlenstoff

Das Leben besteht aus

65 % Sauerstoff   Kohlenstoffringen
18 % Kohlenstoff   Kohlenstoffketten
10 % Wasserstoff   Kohlenstoffleitern
3 % Stickstoff   Säuren
2 % Schwefel   Aminosäuren
1 % Phosphor   Proteinen
                                              Zellen
und Spuren
von 40 anderen
Elementen

Kohlenstoff bietet die meisten Verbindungsmöglichkeiten

Was im Erdofen
so alles brutzelt

Sehen wir uns nun die Ursuppe eines neuen Planeten an. Die magisch gebundene Energie hatte keine Mühe gescheut, um ein Meer aus chemischen Verbindungen entstehen zu lassen. Unglaubliche Präzision musste in der subatomaren Wahrscheinlichkeitsquantenwelt herrschen, um ein unfassbar großes Universum hervorzubringen, das Milliarden von Galaxien erzeugte, in denen Billionen und Aberbillionen Sterne die Atomkerne herstellten. Der so entstandene Sternenstaub wird im Zentrum eines geschmolzenen Planeten »gekocht«, verdampft zu Atmosphären und verdichtet sich zu Ozeanen. All das geschieht, um chemische Verbindungen zu erzeugen, die in diesen Ozeanen treiben. Aber warum?

Vom schöpferischen Standpunkt aus liegt die Antwort auf der Hand. Die Ursuppe erfüllte den Zweck, die Bausteine des Lebens zusammenzubringen.

Lebewesen bestehen nur aus der Hälfte der 92 Elemente, die auf unserem Planeten natürlich vorkommen. Und allein sechs davon machen mehr als 95 Prozent der Masse aller Lebensformen aus (Sauerstoff > 65 %, Kohlenstoff > 18 %, Wasserstoff > 10 %, Stickstoff > 3 %, Schwefel > 2 % und Phosphor > 1 %). Bei den anderen 40 Elementen, die sich in Lebewesen finden lassen, handelt es sich buchstäblich nur um Spurenelemente. Von unseren sechs Spitzenreitern weist der Kohlenstoff die größte Bandbreite auf, da es in der äußeren Umlaufbahn des Kohlenstoffatoms vier leere Elektronenpositionen gibt. Deshalb handelt es sich bei den Molekülen des Lebens überwiegend um Kohlenstoffverbindungen.

So, wie Form und elektrische Eigenschaften der Atome definieren, wie sie sich verhalten, definieren auch bei einem Molekül Form und elektrische Eigenschaften, wie es sich verhält. Jedes neue Molekül hat genaue Eigenschaften, die sich aus seiner Form und den daraus resultierenden elektromagnetischen Kraftfeldern ergeben. Diese Eigenschaften bestimmen darüber, wie es sich bei der Interaktion mit anderen Molekülen verhalten wird – ob es eine Verbindung eingeht oder etwa das andere Molekül aufbricht. Jede neue Molekülart ist eine neue Einheit mit neuem Informationsgehalt, neuen Eigenschaften und neuen Möglichkeiten. Dank der Präzision der unterschiedlichen Energieniveaus ist jede Molekülart nach ihrer Form und ihren elektrischen Eigenschaften präzise definiert, sodass sich jedes Molekül dieser Art genau gleich verhält.

Stellen Sie sich vor, Sie würden ein typisches Proteinmolekül durch ein extrem starkes Mikroskop betrachten – es würde wie ein unglaublich komplexer Knoten aus mehreren langen Seilsträngen aussehen. Die Informationen, die definieren, was dieses Protein ist und was es vermag, ist in seinem Bauplan verschlüsselt – genauer gesagt: in dem komplexen elektrischen Feld, von dem dieses spezielle Proteinmolekül umgeben ist.

Wenn unsere Grundbausteine (Atome) mit ihren eigenständigen Energieniveaus nicht so präzise konstruiert wären, dann wären auch die sich daraus ergebenden Verbindungen nicht präzise definiert. Dann gäbe es eine unendliche Anzahl von Kombinationsmöglichkeiten, aber keine wiederholbaren Muster oder jedenfalls nur selten. Das wäre dann das wahre Chaos – kein ordentliches Gebäude aus wiederholbaren Strukturen, kein Molekül wäre möglich, vom Menschen ganz zu schweigen. Ende und aus.

Doch nun zurück zur Suppe des Lebens.

14

Der tolle Aminosäuremann

Kohlenstoff erzeugt Milliarden Muster

Zellen produzieren Proteinmoleküle

Proteine sind aus Aminosäuren

Millionen von Proteinmustern erzeugen das Leben

Aminosäuren – 20 ganz spezielle Muster

Farbkleckse = Quarks & Elektronen

Zeilen = Kohlenstoffatome

Buchstaben = Aminosäuren

Wörter = Proteine

Farbkleckse, Buchstaben und Wörter

Da sich Kohlenstoff zu einer großen Vielfalt von Formen und Mustern verbinden kann, ist er sozusagen der ultimative Legostein. Ketten, Ringe, Leitern – aus Kohlenstoff können sich alle möglichen Molekülformen bilden, wobei es sich jeweils um eine ganz neue molekulare Einheit handelt. Darunter ist auch eine Gruppe ganz spezieller Moleküle, die wir Aminosäuren nennen und aus denen sich alle Proteine zusammensetzen, die auf der Erde vorkommen. Die Proteine wiederum werden zu lebenden Zellen. Knochen-, Blut-, Haar-, Nagel-, Haut-, Augen-, Gefäß-, Muskel-, Knorpel-, Nerven-, Gehirn-, Organ- und Pflanzenzellen bestehen jeweils aus unterschiedlichen Proteinen, genau wie Enzyme und Hormone.

Ein Proteinmolekül kann über 100 000 Aminosäurebausteine und über eine Million Atome enthalten. Dabei sind diese Million Atome in einer unglaublich komplexen, präzise angelegten, dreidimensionalen Struktur zusammengefasst, die eine neue Einheit mit exakt definierten neuen Eigenschaften und Fähigkeiten darstellt. Stellen Sie sich ruhig einmal eine Million kugelförmiger Legosteine bildlich vor, die zu einer präzise wiederholbaren komplexen dreidimensionalen Form verbunden sind. Willkommen in der komplexen Welt der Proteinmoleküle!

Im Alphabet der Proteinsprache stellen die zwanzig Aminosäuremoleküle die Buchstaben dar. Jedes bestimmte Protein besteht aus einer bestimmten Kombination von Buchstaben. Doch im Unterschied zur menschlichen Sprache besteht die durchschnittliche Wortlänge in der biochemischen Sprache der Proteine aus Tausenden von Buchstaben. Denken Sie allein an den riesigen Wortschatz unserer gesprochenen und geschriebenen Sprache – und das bei nur sechsundzwanzig Buchstaben im Alphabet und im Englischen einer durchschnittlichen Wortlänge von nur sechs Buchstaben. Im Vergleich dazu ist die Anzahl möglicher Proteinmolekülwörter unvorstellbar groß: $20^{10\,000}$ – mehr als die Gesamtzahl aller Atome im Universum.

Davon kommen zwar nur relativ wenige tatsächlich in der Natur vor, es sind aber immerhin noch Millionen. Von allein verbinden sich unsere zwanzig Aminosäuren nur selten zu Proteinmolekülen. Vielmehr benötigt dieser chemische Verbindungsprozess erhebliche Hilfe. Das ist Aufgabe der Zellen. Unterschiedliche Zellarten stellen auch unterschiedliche Proteine her. Stück um Stück bildet die Zelle aus Aminosäuren komplexe Proteinmoleküle.

Die planetarische Ursuppe enthielt die Sternenstaubatome, die darin sanft umgerührt und erwärmt wurden und sich zu komplexeren Einheiten verbanden. Mit den zwanzig Aminosäuren steht nun ein bedeutend komplexerer Kasten mit Bausteinen zur Verfügung: die Buchstaben der Proteinsprache. Jetzt kann es richtig losgehen. Nun sind die Molekularbausteine so weit, dass sie sich zu den Informationsmustern verbinden können, aus denen die Proteine entstehen, die Grundlage allen Lebens.

15

Die Zelle – eine Molekularfabrik

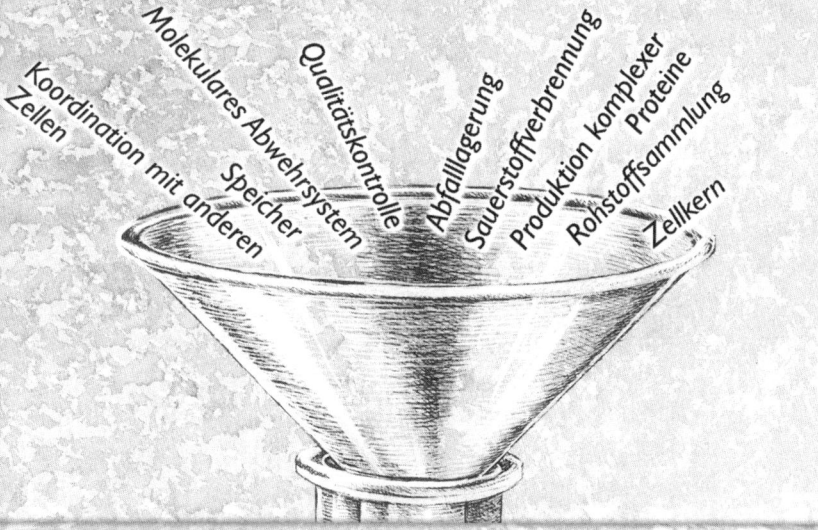

Koordination mit anderen Zellen

Molekulares Abwehrsystem

Speicher

Qualitätskontrolle

Abfalllagerung

Sauerstoffverbrennung

Produktion komplexer Proteine

Rohstoffsammlung

Zellkern

Die Zelle –
eine vollautomatisierte Fabrik

Nun haben wir also verstanden, wie aufgrund des Zusammenspiels von Elementarteilchen und Grundkräften vor etwa vier Millionen Jahren die Ursuppe in den Ozeanen der Welt entstehen konnte. Was danach geschah, war mehr als bloß eine Etappe in der aufsteigenden Komplexität von Informationsgehalt. Die Entwicklung, die von den Aminosäuren über komplexe Proteinstrukturen zur unglaublich komplexen Struktur und Funktion der einzelnen lebendigen Zelle führte, ging mit Riesenschritten, sogar mit totalen Diskontinuitäten voran.

Sehen wir uns einmal an, was Biochemiker und Mikrobiologen bisher herausgefunden haben. In einem mehrzelligen Organismus verhält sich die einzelne Zelle wie eine vollautomatisierte Spezialfabrik in einer Großstadt, die ein breites Spektrum verschiedener solcher Spezialfabriken aufweist. Sie verfügt über ein autarkes Computersystem, in dessen Speicher die Pläne der ganzen Stadt aufbewahrt sind: Betriebsanleitungen, Pläne des Kommunikations- und Verteidigungswesens, der Energieverteilung und der Müllabfuhr, Wartungs- und Entwicklungspläne. Dieser Speicher befindet sich in den DNA-Molekülen, aus denen die Gene in den Chromosomen im Zellkern bestehen.

Die in den DNA-Molekülen jeder einzelnen menschlichen Zelle gespeicherte Informationsmenge reicht aus für Aufbau, Entwicklung und Wachstum des gesamten Individuums. In der Zellfabrik ist der Kern die Kontrollzentrale, und die DNA-Moleküle sind der Zentralspeicher.

Jede Zelle besitzt mindestens 20 einzelne Räume oder Kammern, in denen jeweils ganz spezielle Tätigkeiten verrichtet werden. Manche Räume dienen der Sammlung von Rohstoffen in Form von Aminosäuren, Vitaminen, Mineralien, Kohlehydraten und Sauerstoff aus dem Blut, das als Versorgungssystem fungiert. In anderen Räumen werden diese Rohstoffe gelagert. Wieder andere Räume enthalten Proteinfertigungsmaschinen, die so programmiert und gesteuert werden können, dass sie genau den Proteintyp produzieren, der in dieser bestimmten Zellfabrik hergestellt werden soll. Öfen, in denen Sauerstoff verbrannt wird, versorgen die gesamte Zelle mit Energie. In anderen Räumen werden die hergestellten Proteine gelagert, um sie später weiterverwenden zu können. In wieder anderen Räumen werden Abfallstoffe zur künftigen Entsorgung gelagert.

Aber wie funktioniert die Steuerung dieser ganzen Funktionen? Die Zelle braucht dafür nicht nur die Pläne und Betriebsanleitungen aus dem DNA-Speicher, sondern auch ein Kommunikationssystem, eine Aufsichtsfunktion, die festlegt, was als Nächstes zu geschehen hat, sowie ein Produktions- und Distributionssystem. Eine faszinierende Komplexität!

Um ihre jeweilige Spezialaufgabe erfüllen zu können, benötigt die Zelle nur einen geringen Teil der in ihrer DNA gespeicherten Gesamtinformation. Woher sie jedoch »weiß«, welche Informationen sie verwenden und welche sie ignorieren soll, ist noch ungeklärt. Es sieht allerdings so aus, als würde diese Auswahl von chemischen Schaltern gesteuert.

Die Aufsicht führt ein sehr komplexer Rückkopplungsprozess, den wir ebenfalls noch nicht ganz verstehen. Dabei ermitteln chemische Enzyme den Status der Zelle und ihrer Umgebung. Dieser Status verursacht Veränderungen in den Enzymen, welche das Kommunikationssystem veranlassen, im Speicher der DNA nachzufragen, was nun zu tun ist. Die Anweisungen, die von dort kommen, werden an den Rest der Zelle weitergegeben und streng befolgt.

Dieses Computer- und Kommunikationssystem ist ein unglaubliches Molekularkunstwerk. Zwischen der DNA und dem Rest der Zelle verkehren so genannte RNA-Moleküle. Der ganze Prozess – Analyse, Überwachung, Befehlsspeicherung, Zustellung von Botschaften, Herstellung der Proteine, Handling von Rohstoffen und Verteilung der Produktion – findet auf molekularer Ebene statt. Die Moleküle kommunizieren miteinander. Sie arbeiten wie Maschinen, die sich andere Moleküle schnappen und in die Bausteine zerlegen, die sie benötigen. Entsprechend den Befehlen, die sie vom Zentralcomputer erhalten, setzen sie die Bausteine zu dem Protein zusammen, dessen Produktion ihnen aufgetragen wurde. Sie überprüfen seine Struktur, um sicherzustellen, dass alle Verbindungen der Aminosäuren korrekt sind. Tritt ein Fehler auf, ermitteln und korrigieren sie ihn. Ist der aktuelle Bedarf gedeckt, kommt über die RNA die Mitteilung, die Produktion einzustellen. Dann schnappen sich andere Moleküle die fertigen Proteinmoleküle und befördern sie in Speicherräume, legen sie ab und kehren zurück, um Nachschub zu holen.

Im menschlichen Körper gibt es 235 verschiedene Zellarten, also unterschiedliche Fabriken. Sie funktionieren jedoch alle ungefähr gleich. Der Unterschied besteht einfach darin, dass sie unterschiedliche Proteine herstellen.

Wenn man sich vorstellt, dass eine einzige mikroskopisch kleine Zelle eine Fabrik mit zwanzig Räumen enthält, in der Moleküle eine so große Vielzahl von Aufgaben erfüllen, kann man eigentlich nur staunen. Wie konnte so etwas entstehen? Welche Energie ist da am Werk – und warum?

Nehmen Sie ein einziges Samenkorn. Wenn es auf die Erde fällt, organisieren die darin enthaltenen Informationen im Erdboden, im Wasser und in der Luft etliche Tonnen Moleküle so, dass sie miteinander kooperieren und genau das Informationsmuster annehmen, das erforderlich ist, damit ein Baum entstehen kann.

Das DNA-Molekül enthält wie ein Buch Informationsmuster, deren einziger Zweck darin besteht, Molekularmaschinen hervorzubringen, die neue Informationsmuster erzeugen. Und jedes menschliche Chromosom enthält rund drei Milliarden DNA-Buchstaben. Bei durchschnittlich 250 Seiten wären über 10 000 solcher Bücher pro Zelle erforderlich, um den geschätzten Informationsgehalt des menschlichen Genoms zu vermitteln. Es können aber natürlich noch bedeutend mehr sein, schließlich wissen wir noch nicht, wie man einem Molekül den Befehl erteilt, eine Zelle zu produzieren, von einem Menschen ganz zu schweigen.

16

Wie entstanden komplexe Strukturen?

Eins nach dem anderen – das funktioniert nicht

Wenn nicht alle Enzyme korrekt zusammenwirken, müssen sie sterben!

Zur Blutgerinnung sind 20 Enzyme erforderlich

Enzym 1
Enzym 2
Enzym 3
Enzym 4
Enzym 5
Enzym 6
Enzym 7
Enzym 8
Enzym 9
Enzym 10
Enzym 11
Enzym 12
Enzym 13
Enzym 14
Enzym 15
Enzym 16
Enzym 17
Enzym 18
Enzym 19
Enzym 20

Alles Moleküle?

Als Ingenieur des ausgehenden 20. Jahrhunderts habe ich mich natürlich gründlich über die Evolution informiert und bin vollkommen d'accord, dass sich lebendige Organismen weiterentwickeln. Die Theorie der Evolution als Optimierung existierender Merkmale anzuerkennen, ist nicht weiter schwer. Ganz anders die Frage, wie es überhaupt zu den ganzen komplexen biologischen Mechanismen kommen konnte. Wie um alles in der Welt gelangt man von einer Suppe aus Aminosäuremolekülen zu lebendigen Zellen?

Aufgrund ihrer Oberflächenspannung sind manche Proteinmoleküle rund. Stellen Sie sich eine Seifenblase vor. Nehmen wir an, irgendeine prähistorische Proteinblase habe sich um eine Gruppe anderer Proteine herum gebildet. Gar nicht schlecht für den Anfang. Von da bis zu einem einfachen RNA- oder DNA-Molekül ist es aber immer noch ein ganz schön weiter Weg. Ganz zu schweigen von unserer vollautomatisierten Zellfabrik.

Die naturwissenschaftliche Community ist der festen Überzeugung, die Evolution könne alle Fragen beantworten, die mit der Entstehung komplexen Lebens zusammenhängen. Dieser Glaube beruht jedoch mehr auf der Beobachtung der Weiterentwicklung von Tier- und Pflanzenfamilien als auf der ernsthaften Beschäftigung mit der Frage, wie diese äußerst komplexen biologischen Strukturen und Funktionen ursprünglich einmal entstanden sind.

Denken Sie nur an die Blutgerinnung. Dafür müssen zwanzig Enzyme perfekt zusammenwirken. Nur eine winzige Abweichung, und schon sind Sie tot. Wie um alles in der Welt soll es der Evolution gelungen sein, ihren Weg zur endgültigen Gestalt zurückzulegen, wenn schon die kleinste Abweichung sofort zum Tod führt? Eine andere logische Erklärung als die allmähliche Evolution scheint es nicht zu geben. Sie setzt allerdings eine Menge Vertrauen voraus. Halten Sie dieses »Vielleicht musste es ja so geschehen« bloß nicht für eine Erklärung der Entstehung der ersten lebendigen Zelle oder der anderen Phänomene unserer unglaublich komplexen biologischen Strukturen.

Alles nahm bei Elektronen und Quarks seinen Anfang, entwickelte sich zu Wasserstoffatomen und -wolken, zu Galaxien, Sternen, planetarischem Sternenstaub voller schwerer Kerne, zu Planeten, die ihren Stern umkreisen, zu Ozeanen und Atmosphären, Aminosäuren, Proteinen bis hin zur lebendigen Zelle. In diesem Prozess setzte jeder Schritt den vorhergehenden voraus. Jede neue Etappe führte zu einem neuen, komplizierteren Gebilde mit mehr Informationsgehalt und einem Ensemble von Merkmalen und Funktionen, das weit über die Summe seiner Einzelteile hinausging. Jede Stufe war komplexer als die vorige. Unter gestalterischen Gesichtspunkten liegt auf der Hand, dass sich dahinter ein Muster verbirgt, ein Ziel, ein Design mit Sinn und Zweck.

17

Die Regeln auf unserem Planeten

Elemente Atmosphäre Wetter

Jahreszeiten Ozeane

Geographie

Mond Sonnenlicht

Wasser Tag & Nacht

Rotationen

Pflanzenzellen Tierzellen

Sauerstoff Kohlendioxid

Energie aus Sternenlicht

Sprechen wir nun über das Leben. Auf irgendeine Weise entstand vor vermutlich rund dreieinhalb Milliarden Jahren aus der Ursuppe eine lebendige Zelle, die vermutlich noch nicht so komplex war wie die vollautomatisierte Fabrik, die wir im 15. Kapitel besucht haben. Ihre Nahrung bezog sie höchstwahrscheinlich aus den komplexen Molekülen, die in den Ozeanen entstanden waren. Eine solche Zelle muss dann auf irgendeine Weise genau die Chemikalien erwischt haben, die für die Fotosynthese erforderlich sind. Daraus entstand ein neues Geschöpf, dessen Nahrung unmittelbar das Sternenlicht war.

Es ist natürlich ein äußerst glücklicher Umstand, dass die Erde ausgerechnet so reichlich mit Wasser, Sonnenlicht und Kohlendioxid gesegnet war, dass einfache Algenzellen entstehen konnten, die die beiden Bausteine erzeugten, die nötig sind, um höhere Lebensformen hervorzubringen: komplexe Kohlenstoffverbindungen und Sauerstoff.

Es sollte allerdings noch Milliarden von Jahren dauern, bis genügend davon vorhanden war, dass die nächste Stufe erreicht werden konnte. Die nächsthöhere Komplexitätsebene – auf Kohlenstoff basierende Lebensformen, die Sauerstoff aufnehmen – entstand in den Urozeanen.

Ein Reduktionist würde nun sagen: »Natürlich sind Kohlenstoff, Sauerstoff, Wasser, Sonnenlicht, Blut, Augen und alles andere genau richtig beschaffen, sonst gäbe es uns ja wohl nicht«. Das Argument lautet: Auch wenn die Chancen eins zu einer Billion stehen, bei jeder Lotterie gibt es einen Gewinner. Und der weiß dann nur, dass er den Sieg davongetragen hat. Für ihn ist es so, als hätte es gar nicht anders sein können.

Dieses Argument greift allerdings nur, wenn man an eine unendliche Vielfalt von Universen glaubt, von denen jedes über ein einzigartiges System aus Teilchen, Kräften, Elementen, Sonnenlicht, physikalischen Gesetzen verfügt und was sonst noch dazu gehört. Demnach hätten wir in der Lotterie gewonnen, weil unser spezielles Universum zufällig alles richtig hatte.

Hält man sich indes an die wissenschaftlichen Fakten und Methoden, stellt man fest, dass unser Universum mitsamt Teilchen und Wechselwirkungen, Physik, Kohlenstoff, Wasser, Sternenlicht und so weiter tatsächlich existiert. Und dann muss man zu dem Ergebnis kommen, dass es sich bei der Idee verschiedener Universen beziehungsweise unendlich vieler alternativer physikalischer Gesetze um bloße Spekulationen handelt, die sich zu einer Art wissenschaftlichem Mythos entwickelt haben.

Die wissenschaftliche Wahrheit über Teilchen, Wechselwirkungen und alles andere im Universum lautet, dass das alles genau so elegant und präzise aufeinander abgestimmt ist, damit die Schönheit und Erhabenheit unseres Planeten entstehen konnten. Um nicht zu dieser Schlussfolgerung kommen zu müssen, waren die Reduktionisten praktisch gezwungen, sich den Mythos vom Multiversum einfallen zu lassen.

Zurück zu den Anfängen. Die Schöpfungsgeschichte hätte gut und gern mit Ozeanen voller Amöben enden können, die sich von Chemikalien ernähren. Stattdessen aber entstand die Fotosynthese, die Meere voller Kohlenstoffverbindungen und eine sauerstoffhaltige Atmosphäre erzeugte. Von da an wurden die Gestaltungsmöglichkeiten erst richtig interessant.

Vor etwa 600 Millionen Jahren begann sich das Leben in all seine Hauptrichtungen zu entwickeln. Die kambrische Explosion dauerte mehr als 30 Millionen Jahre – für die Evolution eine sehr kurze Zeitspanne. Jetzt entwickelte sich das Leben mit einer noch nie da gewesenen und auch später nie wieder erreichten Geschwindigkeit. Es entstand in jener Zeit aus ein paar Familien einfacher Meeresbewohner und bedeckte ziemlich bald die ganze Erde mit einer Fülle komplexer Pflanzen und Tiere. Diese Explosion des Lebens wurde dadurch möglich, dass die Menge von Kohlenstoffverbindungen und Sauerstoff, die im Laufe der Jahrmilliarden entstanden waren, irgendwann groß genug war.

Daraus entstanden zunächst leistungsfähigere Zellen mit komplexer Struktur und Funktionsweise, dann bildeten sich Zellverbände heraus und schließlich mehrzellige Organismen, die aus verschiedenen Gruppen spezialisierter Zellen bestanden. Diese spezialisierten Zellen fanden sich zu Organen zusammen, und dann dauerte es gar nicht mehr lange, bis neue, komplexere Wesen auftauchten, die ein Herz, Augen, eine Außenhaut, Leber, Nieren, Drüsen, Kiemen, Muskeln, ein Nervensystem und ein Gehirn hatten.

Die entstehenden Pflanzen und Tiere verfügten über die bemerkenswerte Fähigkeit, sich ihrem jeweiligen Lebensraum perfekt anzupassen. So konnten sie wachsen und gedeihen. Ein anderes ausgesprochen günstiges Merkmal der Schöpfung bestand darin, dass Pflanzen aus Wasser, Kohlendioxid und Sonnenenergie Sauerstoff und Kohlenstoffverbindungen herstellen, während die Tiere Sauerstoff und Kohlenstoffverbindungen natürlich zu Wasser, Kohlendioxid und Energie verarbeiten. Dieses unglaublich ausgewogene Ökosystem beruht auf solarer Strahlungsenergie und der ständigen Wiederverwertung aller erforderlichen Rohstoffe. Auf diese Weise ist sichergestellt, dass der Tanz des Lebens immer weitergehen kann.

Die Energie, die der menschliche Körper benötigt, bezieht er aus dem Sonnenlicht, das irgendeine Pflanze vor gar nicht so langer Zeit auf chemischem Wege hergestellt hat. Wir bestehen aus Sternenstaub und beziehen unsere Energie aus Sternenlicht. Alle Tiere holen sich den Brennstoff, den sie benötigen, aus dem energetisch-chemischen Prozess der Oxidation von Kohlenstoffverbindungen. Allem Anschein nach sind Kohlenstoff und Sauerstoff eigens dafür geschaffen, diese Rolle zu übernehmen. Pflanzliche Fotosynthese und die Oxidation (Verbrennung) beim Tier ergänzen sich auf geradezu ideale Weise.

Nach etwa drei Milliarden Jahren in den Ozeanen ging das Leben an Land. Im Wasser hatte es lediglich aus verschiedenen Variationen immer gleicher Themen bestanden – Fische, Krebstiere, Korallen, Aale usw. Bedarf an Händen, Beinen, Flügeln oder nennenswerter Vielfalt bestand offenbar nicht. Sogar Landtiere, die ins Meer zurückkehrten (wie Wale, Delphine und Robben), nahmen wieder eine fischartige Form an – die sich fürs Überleben im Meer offenbar am besten bewährt hatte.

An Land bekam es das Leben dagegen mit einer größeren Vielfalt anspruchsvollerer Milieus zu tun. Pflanzen konnten leichter Wurzeln fassen und stabilere Stämme entwickeln, die üppiges Laub trugen. Mit Bewusstsein ausgestattete Tiere begannen zu gehen, zu fliegen, zu kriechen, zu hüpfen, zu gleiten oder sich in den Pflanzen zu tummeln. Das Leben entwickelte sich unablässig weiter und erfüllte die ganze Erde mit Aktivitäten, Farben, Düften, Geräuschen und – Sinn.

Sinn? Ich höre förmlich, wie die Freunde der Zufallstheorie aufjaulen: »Wie kommen Sie denn jetzt darauf – als ob die reine Existenz irgendetwas mit Sinn oder Zweckhaftigkeit zu tun hätte!«

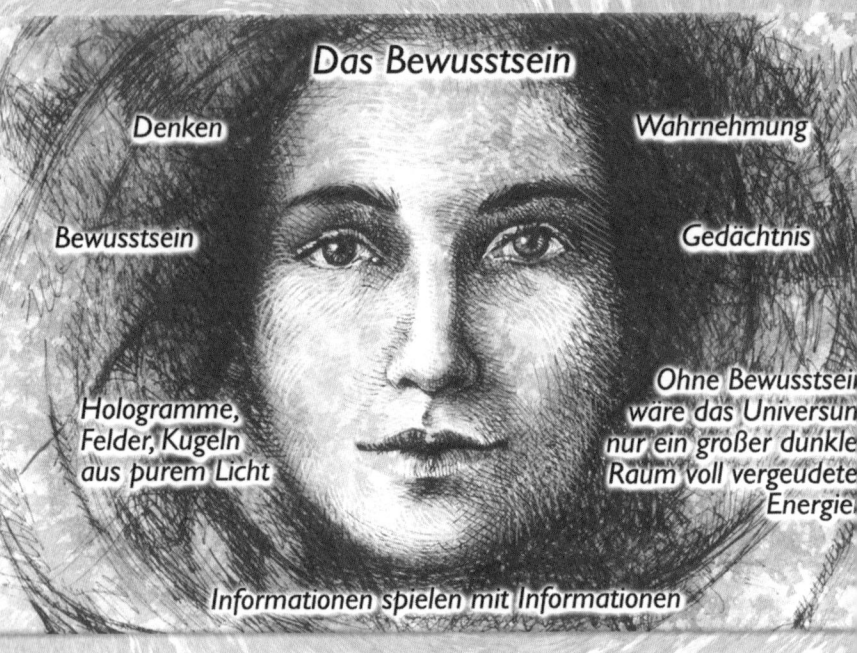

18

Das Bewusstsein

Denken

Wahrnehmung

Bewusstsein

Gedächtnis

Hologramme,
Felder, Kugeln
aus purem Licht

Ohne Bewusstsei
wäre das Universun
nur ein großer dunkle
Raum voll vergeudete
Energie

Informationen spielen mit Informationen

Leben, Verständnis,
Sinn und Zweck

Aus schöpferischer Sicht stellt sich die Frage, was es bringen sollte, irgendetwas zu erschaffen, wenn es sowieso nie gesehen oder benutzt, nie geliebt oder gehasst oder auf irgendeine andere Art wahrgenommen wird? Das wäre doch reine Zeitverschwendung.

Genau dasselbe gilt natürlich auch für unser Universum.

Was nützt es, Galaxien, Sonnen, Planeten, Ozeane, Berge, Sonnenuntergänge, Licht, Strahlungsenergie, Wärme, Kälte, Glätte, Rauheit, Farben, Winde, Nächte und Tage zu erschaffen, wenn nichts und niemand sie je erblickt oder sich an der Schönheit des Entwurfs erfreut? Ein Universum ohne Leben wäre vielleicht herrlich, aber total sinnlos.

Leben existiert womöglich nur auf wenigen winzigen Planeten, die in den riesigen Galaxien unseres gewaltigen Universums um ein paar winzige Sonnen kreisen. Doch »Leben« beinhaltet nicht nur die komplexesten Strukturen, die es im All überhaupt gibt, sondern auch die einzigen empfänglichen, verständigen Wesen. Dies ist das Ziel, das vor 15 Milliarden Jahren angesteuert wurde, und es steht für eine vollkommen neue Klasse von Lebewesen. Sie beruht auf Informationen. Erst diese neuen Lebewesen können sich an der Herrlichkeit des Ganzen erfreuen und sie bewusst wahrnehmen. Und genau mit dieser Freude und dieser Wahrnehmung verleihen sie dem Universum Sinn und Zweck.

Was für einen Sinn hat eine Kunstgalerie, wenn niemand kommt, um die ausgestellten Werke zu würdigen? Welchem Zweck dient ein Spielplatz, wenn keine Kinder ihn jemals betreten? Was soll ein Planet, wenn nicht die Tragödien und Komödien des Lebens darauf aufgeführt werden? Welchen Zweck könnte unser Universum haben, wenn keine bewussten

Lebensformen existierten, die es wahrnehmen und verstehen können?

Erst das Leben verleiht dem Universum Sinn und Zweck.

Hier auf der Erde hat es dem Universum auch ungefähr vier Milliarden verschiedene Arten geschenkt. Alle größeren Tiere bestehen aus komplexen Organen, Muskeln, Knochen, Knorpeln und werden von einem elektrischen Nervensystem gesteuert. All das wiederum beruht auf lebendigen Zellen, mikroskopisch kleinen Entitäten, die auf der molekularen Ebene Computer, Speicher, Kontroll- und Kommunikationssysteme sowie Maschinen einführten.

Unter schöpferischen Gesichtspunkten kann das Leben kein Zufall sein. Es muss sich so verhalten, dass das Universum bereits auf dieses Leben abzielte, als Energie in Form der vier Elementarteilchen mit ihren Wechselwirkungen erstmals auftrat. Wenn man nur alle gesicherten Erkenntnisse über das Universum, seine fortschreitende Entwicklung und die von Stufe zu Stufe höhere Komplexität des Informationsgehaltes analysiert, kommt man zwangsläufig zu dem Schluss, dass die ganze Schöpfung das Leben zum Ziel hatte.

Nun frage ich Sie, welches Weltbild Sie für plausibler halten.

A: Unser Universum ist ein wunderschöner, eleganter Gesamtentwurf. Es beruht auf einer zielgerichteten fortschreitenden Komplexität von Informationsdichte.

Oder aber B: In den unendlich vielen Multiversen, die es den Spekulationen mancher Wissenschaftler zufolge gibt, und mit denen sie versuchen, die scheinbare Unlogik der Quantenphysik zu erklären, entsteht in jedem Bruchteil einer Sekunde eine unendliche Vielzahl der aberwitzigsten Kopien von Ihnen. Sie haben die Wahl – ich gebe Ihnen zwei Minuten. Also! Ich warte …

Falls Sie sich für Weltbild A entschieden haben, halten Sie unser Universum für etwas ganz Besonderes, für eine Schöpfung mit Ziel und Zweck, in der der Mensch eine spezielle Rolle spielt.

Bei B hoffe ich inständig, dass Sie sich in der nächsten Quantenfluktuation in die Unendlichkeit der Universen, von der Sie offenbar ausgehen, als Kröte materialisieren.

Alles, was wir über unser Universum wissen, spricht für einen schöpferischen Entwurf, der danach strebt, immer komplexere Molekülstrukturen mit immer höherem Informationsgehalt zu bilden, aus denen sich die einzelnen Lebensformen ergeben. Alles, was wir über das Leben in Erfahrung gebracht haben, ist ein Beweis dafür, dass es danach strebt, sich durch immer komplexere und kompetentere Formen ständig zu optimieren. Das ist das Muster, nach dem alles abläuft.

Es stellt sich als ein aus sich selbst heraus evolvierendes Universum dar, dessen Grundbausteine und Interaktionsregeln so komplex sind, dass Galaxien, Sterne, Planeten, Proteine, Leben und Bewusstsein daraus entstehen konnten.

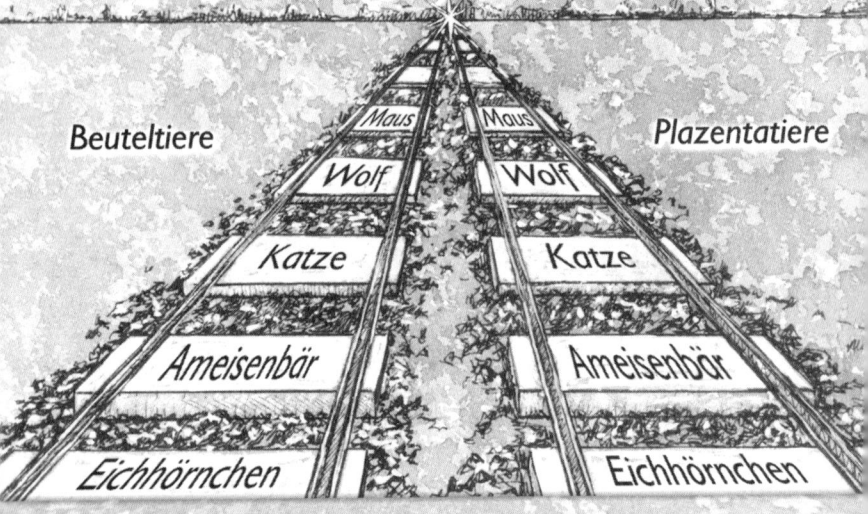

19

Zwei Entwicklungswege – die gleichen Ergebnisse

Beuteltiere — Maus — Maus — Plazentatiere

Wolf — Wolf

Katze — Katze

Ameisenbär — Ameisenbär

Eichhörnchen — Eichhörnchen

DNA – die magische Replikatorin

Jenny sieht Zellen als lebendige Legosteine, die so gemacht sind, dass man daraus alle Kreaturen auf Erden bauen kann.

In der Evolution komplexer Informationsmuster stellte die Zelle einen unglaublichen Sprung dar. Moleküle, die andere Moleküle überwachen – wir halten das für ganz selbstverständlich, dabei ist es schlicht und ergreifend großartig.

Die Zelle ist der Grundbaustein allen Lebens. Membranen definieren die Grenzen und Kammern der Zellen. Pläne, Speicher und Befehle stammen aus der DNA, und die RNA fungiert als molekulares Kommunikationssystem. Komplexe Rückkoppelungs-, Überwachungs- und Steuerungsfunktionen werden von Hormonen und Enzymen übernommen. All das ist in einem mikroskopisch kleinen Tröpfchen aus Wasser, Protein und Kohlehydraten enthalten und ist so winzig, dass 10 000 dieser Wundergebilde auf einem Stecknadelkopf Platz finden könnten.

Aneinander gereiht wären die DNA-Stränge einer einzigen menschlichen Zelle rund zwei Meter lang. Sie enthalten über dreieinhalb Milliarden DNA-Buchstaben. Natürlich begann das Leben mit viel kleineren DNA-Strängen, vielleicht nur mit einem oder zwei Buchstaben. Das Problem mit der Henne und dem Ei tritt trotzdem auf. Was war zuerst da: die erste Zelle oder das erste DNA-Wort? Falls die Antwort »beide« lautet – wie kam das zustande? Und wie entstand überhaupt die DNA? Um ihre Aufgaben erfüllen zu können, ist sie auf eine komplexe Kommunikation mit RNA-Molekülen angewiesen. RNA-Segmente entschlüsseln Segmente des DNA-Speichers – doch wie um alles in der Welt konnte es dazu kommen, und warum ergeben sich daraus Aktionen eines ganzen Haufens von Molekularmaschinen?

Im Betrieb einer einzigen Zelle sind Schichten um Schichten von unglaublicher Komplexität am Werk. Doch selbst wenn uns nichts mehr verborgen bliebe und wir die Funktion jeder einzelnen Struktur, jedes Enzyms und Moleküls vollständig verstünden, wäre damit immer noch nicht geklärt, wie das alles einmal entstand und von welcher Kraft es am Laufen gehalten wird.

Genau wie beim Computer speichert auch das DNA-Molekül Informationen. Doch statt Einsen und Nullen verwendet es Sequenzen von vier verschiedenen Abschnitten auf der Doppelhelix des DNA-Moleküls, um seine Informationen zu speichern. Eigentlich sind es bloß zwei verschiedene Abschnitte, aber sie lassen sich jeweils umdrehen, sodass sich praktisch vier ergeben. Die DNA funktioniert anscheinend genau wie ein Computerbefehl, der aus vier Ebenen von digitalen Daten besteht.

Die Zelle bedient sich dieser Informationen, um Aminosäuren, Kohlenhydrate, Vitamine, Mineralien, Wasser und Sauerstoff organisieren zu können. Diese informationsgestützte Organisation ermöglicht es der Zelle, Versionen von sich zu replizieren, was auf molekularer Ebene von Kommunikationssystemen (RNA) und Proteinfabriken bewerkstelligt wird.

Eine Variante des Informationsmusters, das in einem bestimmten DNA-Molekül gespeichert ist, kann die Erzeugung eines geringfügig veränderten neuen Lebewesens verursachen. Wenn es überlebt und sich fortpflanzt, kann es weiterexistieren. Auf diese Weise erzeugen Abweichungen vom Informationsmuster neue Lebewesen mit neuen Eigenschaften, die unter den örtlich herrschenden Bedingungen darauf getestet werden, ob sie auf irgendeine Weise besser überleben, sich fortpflanzen und gedeihen können. Wenn ja, wird dieses spezielle neue DNA-Muster beziehungsweise das neue Lebewesen, das sich daraus ergeben hat, aller Wahrscheinlichkeit nach überleben.

Die Chancen dafür stehen etwa eins zu einer Million. Die bei weitem meisten DNA-Mutationen haben entweder gar keine oder eher negative Auswirkungen auf die Überlebenschancen des betreffenden Lebewesens. Trotzdem ist das Leben in seiner ganzen heutigen Artenvielfalt das Ergebnis der Billionen und Aberbillionen positiver Veränderungen, die stattfanden, seit vor rund dreieinhalb Milliarden Jahren die ersten Zellen entstanden. Das Leben ist also ständig um Optimierung bemüht, indem es seine Fähigkeit verbessert, unter den lokal herrschenden Umweltbedingungen zu überleben und sich zu vermehren.

Aber wie kommt es überhaupt zu Varianten der Informationsmuster, die in der DNA gespeichert sind? Das liegt am Sex beziehungsweise an der geschlechtlichen Fortpflanzung. Man vermische nur die DNA von Mama mit der von Papa, und schon entsteht ein brandneues Lebewesen mit absolut einzigartiger DNA. Sehen Sie sich bloß einmal die Menschen in Ihrer Umgebung an – sie sind alle total unterschiedlich, jeder weist eine völlig einzigartige Kombination verschiedener Fähigkeiten auf.

Zu neuen Informationsmustern kann es natürlich auch kommen, wenn die DNA beim Replizieren einen Fehler macht. Doch die eigentliche Antriebskraft für das ständige Neuarrangieren der Informationsmuster der DNA ist die geschlechtliche beziehungsweise sexuelle Fortpflanzung. Die DNA ist ein eleganter Entwurf zur Erzeugung und ständigen Verbesserung des Lebens, eine formvollendete Weiterführung der stets zunehmenden Informationskomplexität, die mit der Erschaffung von Quarks und Elektronen ihren Anfang nahm.

Da sich die Evolution als eine lange Reihe zufälliger Fehler in den DNA-Molekülen verstehen lasse, die schließlich den

Menschen hervorbrachte, könne diesem Prozess ja wohl kein Sinn oder Zweck innewohnen, wenden die Reduktionisten ein. Buchstäblich jedes x-beliebige Lebewesen hätte auf diese Weise entstehen können, und nun wäre es eben zufällig der Mensch. Der Schluss, den sie daraus ziehen, lautet: Der Mensch ist das zufällige Ergebnis des blinden Uhrmachers, der DNA, die drei Milliarden Jahre lang Amok gelaufen ist.

Lassen Sie uns die Theorie, der zufolge sich »jedes x-beliebige Lebewesen hätte entwickeln können«, auf den Prüfstand stellen. Die Evolution unterliegt ganz realen Zwängen, und in der Entwicklung des Lebens lassen sich Muster erkennen, die sehr logisch und zielgerichtet sind.

Die ersten einzelligen Lebewesen bezogen ihre Nahrung direkt aus den Nährstoffen, die ihnen in den Urozeanen reichlich zur Verfügung standen. Wäre nicht bald eine erneuerbare Nahrungsquelle entstanden, hätte sich das Leben ganz schnell zu Tode futtern können. Zum Glück aber erwarb irgendeine dieser Ahnenzellen die Fähigkeit der Fotosynthese und begann damit, Kohlendioxid, Wasser und Sonnenenergie zu Kohlenstoffverbindungen und Sauerstoff zu verarbeiten. Dass dieser rasch erneuerbare Nahrungsvorrat entstehen konnte, ist also letztlich dem Sonnenlicht zu verdanken, das die Energie zur Verfügung stellte. Diese Zellen, die ihre Nahrung aus dem Sonnenlicht bezogen, gediehen prächtig, und im Laufe der Jahrmilliarden nahm dabei nicht nur die molekulare Komplexität potenzieller Nährstoffe in den Meeren zu, sondern auch der Sauerstoffgehalt der Atmosphäre. Irgendwann in dieser Zeit kam eine clevere kleine Zelle auf die Idee, ihre Nachbarzelle zu verzehren, die sich mittels Fotosynthese gerade ordentlich mit Nährstoffen versorgt hatte. Dann nahm sie den in der Atmosphäre inzwischen reichlich vorhandenen Sauerstoff her und setzte einen Oxidationsprozess in Gang, der ihr Energie, Wasser und Kohlendioxid verschaffte.

Die Evolution der Einzeller in den Urozeanen wird durch Wasser, Sonnenlicht, Kohlendioxid und Aminosäuren definiert. Die Tatsache, dass Pflanzen ihre Energie aus der Fotosynthese beziehen und Tiere aus der Oxidation, ist keineswegs Zufall, sondern unterliegt eindeutig den Zwängen der Elemente und den Gesetzen der Physik.

Pflanzen haben sich zu einem breiten Spektrum verschiedener Variationen über ein Thema entwickelt und breiten sich praktisch überall aus, wo Sonnenlicht, Wasser und Wetterbedingungen es zulassen. Doch abgesehen von Größe und Form des Blattes, von Blütenfarbe, Art und Weise der Verbreitung des Samens und der Größe von Halm, Stängel oder Stamm hat die DNA ziemlich wenig getan, um die Komplexität von Pflanzen nennenswert zu erhöhen. Pflanzen stehen da, nehmen Sonnenlicht auf, erzeugen Kohlenstoffverbindungen und Sauerstoff, wachsen, sehen schön aus und speichern Energie. Sie konkurrieren miteinander um Sonnenlicht und Wasser, aber das war es dann auch schon. Ihre wesentlichste Aufgabe besteht darin, Licht in Tiernahrung zu verwandeln.

Bei den Tieren ist alles ganz anders. Hier herrscht der Wettbewerb. Um zu überleben, müssen Tiere besonders schnell, stark und raffiniert sein oder sich ihrer Umwelt auf irgendeine andere Weise einzigartig anpassen können. Bei Tieren ist die DNA ständig dabei, Fähigkeiten zu optimieren, die ihre Überlebenschancen optimieren.

Aufgrund dieser Tatsache, einiger grundlegender naturgesetzlicher Gegebenheiten wie Gravitation, Nervenzellen, Knochen, Knorpeln, Oxidationsfähigkeit von Blut, aufgrund des vorhandenen Nahrungsvorrats und anderer Dinge könnte man eigentlich vermuten, dass sich die Evolution gut und gern auf einen kleineren Kreis möglicher Tierarten hätte beschränken können. Es existieren aber Pflanzen- und Fleischfresser in allen Größen, von der Amöbe bis hin zur Großkatze und dem Wal. In einem ausgewogenen Ökosystem besetzt jede Art ihre Nische. Allerdings gibt es Muster, nach denen sich diese Tiere alle entwickelt haben. Welche Lebewesen die Evolution hervorbringen kann, das unterliegt bestimmten Zwängen und Beschränkungen.

Stellen Sie sich vor, Sie könnten die gesamte Tier- und Pflanzenwelt aus einem bestimmten Ökosystem herausnehmen und sie an einen anderen, weit abgeschiedenen Ort verfrachten, an dem es keinerlei Kontakt zu der früheren Lebensumgebung gibt. Wenn Sie nun beobachten könnten, wie sich diese beiden voneinander getrennten Populationen anschließend entwickeln, könnten Sie vielleicht etwas über die Evolution an sich erfahren – insbesondere darüber, wie ähnlich oder unterschiedlich sich die beiden Populationen entwickeln und warum.

Nun, derartige Experimente gab es tatsächlich. Denken Sie etwa an Australien, das Land der Beuteltiere. Vor urdenklichen Zeiten von der übrigen Welt getrennt, bildete sich dort eine absolut einzigartige Tierfamilie heraus. Jede Nische des Ökosystems wurde von diesen einzigartigen Tieren besiedelt, die denen der übrigen Welt jedoch sehr ähnlich sind.

In Australien gibt es Beuteltiere, die dem Hund, der Katze, dem Hirsch, dem Eichhörnchen, dem Murmeltier, dem Ameisenbär, dem Maulwurf, der Maus und vielen anderen Plazentatieren entsprechen. Auch sie entwickelten sich so, dass sie von irgendeinem Umweltaspekt profitierten. Nun könnten Sie einwenden, dass sich ein Känguru ja doch erheblich von einem Hirsch unterscheide. In vielerlei Hinsicht bestehen aber auch bemerkenswerte Übereinstimmungen. Denken Sie nur an die Ähnlichkeit der Kopfform, der Ernährung, der Geschwindigkeit, der Instrumente der Selbstverteidigung (Geweih bzw. Beine). Hirsch und Känguru besetzen auf dieselbe Art und Weise dieselbe Umweltnische.

Australische Beuteltiere ähneln ihrem Pendant in der übrigen Welt. Der australische Beutelwolf und der nordamerikanische Wolf zum Beispiel, die vollkommen unterschiedliche Vorfahren hatten. Aber der Unterschied zwischen ihnen ist, dass der eine ein Beuteltier war und der andere ein Plazentatier. Die Evolution der Beuteltiere war gezwungen, denselben Weg einzuschlagen wie unsere Säuger.

Daraus kann man nur schließen, dass sich die Entwicklung des Lebens innerhalb der Grenzen bewegte, die von den Gesetzen der Physik und der Chemie, aber auch von den herrschenden Umweltbedingungen vorgegeben wurden und dass die Evolution ganz bestimmte, zielgerichtete Pfade ging, um gewisse Fähigkeiten, wie Kraft, Geschwindigkeit, Wachsamkeit, Gerissenheit, Schwimmvermögen, Sehstärke, Intelligenz, zu optimieren.

Wenn das so stimmt, ist die Evolution kein zufälliger Prozess. Dann folgt sie, wie ein Fluss, ganz automatisch ihrer Bahn. Die Zwänge beziehungsweise Regeln, die von den physikalischen und chemischen Gesetzen sowie den herrschenden Umweltbedingungen vorgegeben werden, nötigen sie geradezu, ein bestimmtes Ziel, die Entstehung ganz bestimmter Arten, anzusteuern.

Im nächsten Kapitel gehen wir der Frage nach, wie zufällige Genmutationen zu einer zielgerichteten Evolution führen, die gar nicht anders kann, als spezifische Tiere hervorzubringen.

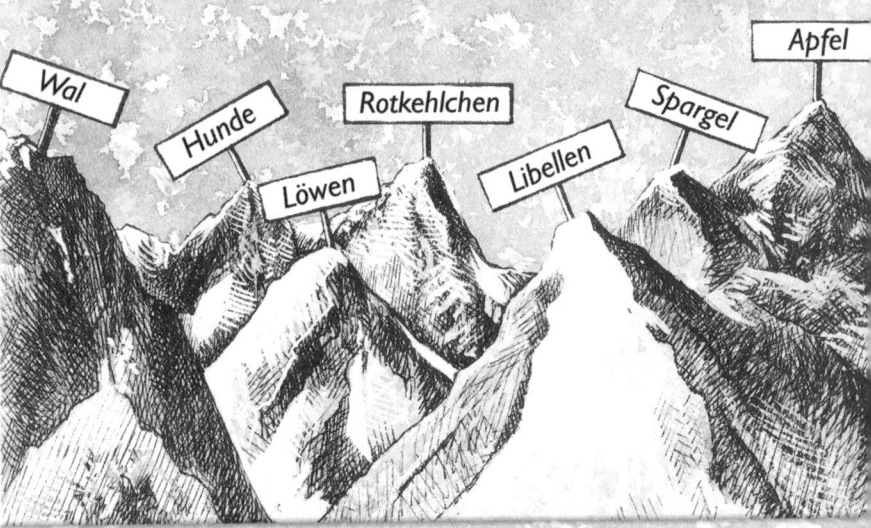

20

Die Evolution spürt stabile Gipfel auf

Die Evolution –
der lange Weg zum Gipfel

Seit etwa zehn Jahren werden Computermodelle künstlicher Ökosysteme erstellt, anhand derer man untersucht, wie sich Informationen entwickeln. Anfangs waren diese Modellwelten äußerst simpel – sie hatten nur wenige Bewohner, deren Interaktionen von bestimmten Grundregeln definiert wurden. Heute gibt es eine Vielzahl computergenerierter Ökosysteme. Einige sind ziemlich raffiniert und berücksichtigen nicht nur Pflanzen und Tiere, sondern auch Krankheiten und Wetterbedingungen sowie gewisse, sich daraus ergebende Folgen. Sowie Sie ein derartiges Ökosystem definiert haben, kann der Rechner loslegen. Sie können die Umweltbedingungen verändern und beobachten, wie sich Ihr Ökomodell entwickelt.

Neuere Forschungen auf dem Gebiet der computersimulierten Ökosysteme zeigen, dass mit jeder Umwelt eine so genannte Fitnesslandschaft verbunden ist. Das heißt, die Grundregeln eines jeden Ökosystems lassen nur ganz bestimmte Kombinationen oder Muster stabiler Lebensformen zu, die als Gipfel in der jeweiligen Fitnesslandschaft beziehungsweise im Gütegebirge dargestellt werden. Die Evolution, die wir am Computer beobachten, ist im Grunde nichts anderes als ein Prozess der Informationssortierung, der sich einer Technik bedient, die man als Random Walk (»zufälliger Weg«) bezeichnet. Diese Evolution bringt keine neuen Muster hervor, sondern spürt eher die Muster auf, die auf der Basis der definierten Grundregeln möglich sind.

Wenn Sie die separate Entwicklung von Beutel- und Plazentatieren betrachten, kommen Sie zu dem Schluss, dass es sich bei Wölfen, Mäusen, Eichhörnchen, Katzen, Murmeltieren, Ameisenbären und anderen ähnlichen Tieren um Gipfel im Gütegebirge unseres Ökosystems handelt.

Mit anderen Worten: Auf einem anderen Planeten, der der Erde ähnelt, müsste es auch eine Tier- und Pflanzenwelt geben, die mit der unsrigen vergleichbar ist. Es könnte Unterschiede geben wie denen zwischen dem Hirschen und dem Känguru, in ihrer Umwelt würden die entsprechenden Tiere aber eine ganz ähnliche Nische besetzen. Hätte sich auf diesem Planeten also eine intelligente, menschenähnliche Spezies herausgebildet, könnte es durchaus sein, dass sie anders aussähe als wir. Aber sie wäre bestimmt mit vergleichbaren Organen, Gliedmaßen und Fähigkeiten ausgestattet.

Auf klar definierten Pfaden nutzt das Leben jeden Vorteil – in Bezug auf Größe, Kraft, Geschwindigkeit oder Intelligenz –, um eine Familie von Arten zu erschaffen, die sich ein Ökosystem teilen. Die Grenzen und Möglichkeiten sind vorgegeben. Auch die Spielregeln sind definiert. In einem ausgewogenen Ökosystem können nur ganz bestimmte Arten von Lebewesen koexistieren, miteinander konkurrieren, überleben und sich vermehren. Die Evolution wird von den Grundregeln, die dem Leben innewohnen, gesteuert und ist ihren Zwängen unterworfen. Flinke Fresser, starke Raubtiere, flugfähige und intelligentere Lebewesen wurden in das System integriert.

Viele Leute haben ihre Schwierigkeiten damit, dass einer der wichtigsten Suchprozesse der Evolution auf zufälligen Fehlern im DNA-Molekül beruhen soll und fragen sich, wie aus einer Reihe zufälliger Fehler etwas Sinnvolles entstehen kann. Nun, der Prozess der Evolution funktioniert praktisch genau wie die mathematische Technik des so genannten dynamischen Programmierens, die in der Spieltheorie oder bei strategischen Problemen gern eingesetzt wird, um Lösungen zu finden und zu bewerten. Auch diese Technik der Informationsverarbeitung beruht auf einem Suchlauf nach der Methode des Random Walk.

Betrachten wir beispielsweise die Frage, wie Sie die beste Route durch ein sehr gefährliches Terrain finden können. Wenn Sie die dynamische Programmierung anwenden wollen, müssen Sie zuerst das gesamte Terrain in ein Raster aus kleineren Quadraten einteilen. Diese kleineren Quadrate stellen die möglichen »Schritte« dar, die Sie durch das Terrain tun können. Dann definieren Sie für jeden dieser möglichen kleinen Schritte eine reale, quantifizierbare Kostenfunktion, vielleicht in Bezug auf die aufgewendete Energie oder die erforderliche Zeit oder die Gefahr, die damit verbunden ist, wenn Sie diesen Schritt machen. Daraus ergibt sich schließlich eine Karte des gesamten Gebiets, das in schrittchengroße Abschnitte eingeteilt ist, und jeder Abschnitt weist einen numerischen »Kostenfaktor« auf, der mit Ihrem Weg durch diesen bestimmten Abschnitt verbunden ist. Dann lassen Sie das Programm laufen. Es wählt nach dem Zufallsprinzip mögliche Schritte aus und ermittelt die »Gesamtkosten«, die entstehen, wenn Sie einen bestimmten Pfad einschlagen. Auf diese Weise ermittelt der Computer die »Gesamtkostenfunktion«, die mit jedem möglichen »Zufallspfad« verbunden ist. Der Pfad mit den geringsten Gesamtkosten stellt die beste Route dar.

Es handelt sich zwar um einen zufälligen Prozess, der beste Pfad aber stand bereits in dem Moment fest, als Sie Gelände und Kostenfunktion definierten. Diese wiederum unterliegen den Grundregeln der in diesem Ökosystem möglichen Interaktion von Informationen.

Noch ein einfaches Beispiel. Nehmen wir an, Sie würden einen kleinen Apparat konstruieren, der über unebenes Gelände gehen und dort die Berggipfel ermitteln soll. Ihr Gerät kann in jede Richtung einen Schritt machen und dann messen, in welcher Höhe es sich befindet. Ist der neue Standort höher gelegen als der vorhergehende, geht Ihr Apparat von da aus einen Schritt weiter. Liegt er niedriger, kehrt er an seinen vorigen Ausgangspunkt zurück und macht von dort aus einen anderen beliebigen Schritt. Relativ einfache Konstruktion, geringe Kostenfunktion, und doch wird Ihr Apparat die Gipfel finden.

Wenn Sie nun ein paar tausend von diesen Geräten über einen Gebirgszug verteilen und ein wenig warten, dann würden Sie schließlich herausfinden, dass jeder Apparat so lange nach dem Zufallsprinzip herumgewandert ist, bis er einen lokalen Gipfel gefunden hat. Weil sich jeder Apparat nun auf einem Gipfel befindet, sagt ihm jeder Schritt, den er von nun an tut, dass er an Höhe verloren hat und wieder auf den Gipfel zurückkehren muss. Der Umstand, dass diese Apparate auf einem Gipfel stehen, markiert eine stabile Situation.

Wie lange Sie warten müssen, bis alle Ihre kleinen Apparate auf einem Gipfel stehen, hängt von mehreren Faktoren ab: von der Größe der Schritte, die die Konstruktion erlaubt, von der Schrittgeschwindigkeit, vom Tempo, mit dem die sich ergebenden Informationen verarbeitet wurden, von der Größe des Gebirgszugs und von der Veränderlichkeit Ihres Terrains. Doch wenn Sie lange genug warten, steht jeder Apparat auf einem Gipfel und bleibt solange dort, bis ein Erdbeben, Erosion, der Wind oder irgendetwas anderes Ihr Gebiet verändert. In diesem Fall würden Ihre kleinen Apparate, deren Gipfel ja nun verschwunden wären, erneut herumwandern, um auf dem veränderten Gebiet nach neuen Gipfeln zu suchen. Im Grunde sind Ihre kleinen Gipfelstürmer Informationsprozessoren, welche in einem bestimmten Informationsfeld nach einer stabilen Position Ausschau halten, die in ihrer Kostenfunktion als Gipfel definiert ist.

Genauso funktioniert die Evolution: als Random-Walk-Prozess mit sehr kleiner Schrittgröße (so winzig wie eine einzelne Mutation im Informationsmuster der DNA), der von einer ganz realen Kostenfunktion definiert wird (jeder beliebige Schritt, der die Überlebens- und Fortpflanzungsfähigkeit in diesem bestimmten Gebiet erhöht, ist gut). Die Evolution ermittelt bloß die erfolgreichen, überlebensfähigen, stabilen Lebensformen – sie erschafft sie nicht.

Es kann, wie beim dynamischen Programmieren, zehn Sekunden dauern, bis die Lösung gefunden ist – oder aber auch vier Milliarden Jahre. Hängt ganz davon ab, wie lange der »Rechner« braucht, um die Informationen zu verarbeiten, die mit jedem zufälligen Schritt verbunden sind.

Bei der Evolution kann so ein Schritt aus einer »zufälligen« kleinen Veränderung im DNA-Molekül bestehen. Es kann sich aber auch um die absolut einzigartigen neuen DNA-Moleküle handeln, die bei der geschlechtlichen Fortpflanzung entstehen. Die Zeit, die benötigt wird, um die Kostenfunktion zu errechnen, entspricht der Zeit, die erforderlich ist, herauszufinden, ob dieses neue Lebewesen mit seiner geringfügig veränderten DNA größere Chancen hat, sich in dem Ökosystem, in das es hineingeboren wurde, erfolgreich zu behaupten und sich fortzupflanzen. Die Berggipfel der Evolution sind die Lebensformen, die sich in diesem speziellen Ökosystem als stabil erweisen. Die Zeit, die erforderlich ist, in einer bestimmten Umwelt ein stabiles Ökosystem zu errichten, entspricht der Rechenzeit, die die Evolution benötigt. Und da lokale Milieus oft Veränderungen ausgesetzt sind, versucht die Evolution ständig, ihre zuvor stabilen Lösungen zu verfeinern, um sich auf diese Veränderungen der Umwelt einzustellen.

Das Leben in seiner ganzen Vielfalt ist kein Zufall der Evolution. Die Evolution war nichts weiter als der Mechanismus, der die stabilen Lebensformen aufspüren sollte. Die Evolution erschuf keine Amöben, sie fand sie. Sie erschuf keine Bäume, sie fand sie. Sie erschuf keine Löwen, sie fand sie. Und sie erschuf auch nicht den Menschen, sondern fand das Informationsmuster, das uns auszeichnet. Wir sind lauter stabile Gipfel im Gebirgszug der Informationsmuster. Diese Gipfel wurden in dem Moment konzipiert, als zu Beginn des Schöpfungsprozesses, beim Urknall oder was auch sonst, die Kostenfunktion unserer Umwelt definiert wurde. Glauben Sie nicht, eine Evolution, die auf dem Random Walk beruhe, könne nur zufällige Ergebnisse zeitigen. Es stimmt einfach nicht.

Seit 15 Milliarden Jahren werden ständig neue Muster aus Quarks und Elektronen hervorgebracht, nimmt die Information an Komplexität zu. In dieser Evolution ist die Entwicklung von Lebewesen durch DNA-Zyklen ein Schritt von großer Eleganz. Die Evolution mag durch zufällige Veränderungen im Informationsmuster voranschreiten, aber die Wege, die sie einschlägt, und die Gipfel, die sie aufspürt, sind vorgegeben. Die Lebensformen, die sie findet, wurden im Grunde schon bei der Geburt der Schöpfung als stabile Informationsmuster festgelegt. Diese vorbestimmten, vorab entworfenen Gipfel findet die Evolution lediglich. Galaxien, Sterne, Planeten, der menschliche Körper und Geist sind als Gipfel in der Fitnesslandschaft unseres Universums von den Regeln der Schöpfung definiert worden.

Das evolvierende Universum spürt bloß die stabilen Gipfel auf, die dem Ensemble seiner Grundregeln innewohnen.

21

Der gut besuchte Gipfel des Sehvermögens

Das Auge hat sich mindestens 40-mal entwickelt

Gipfel des Sehvermögens

40 verschiedene Pfade zum Gipfel

40 verschiedene Arten von Augen

Vom blinden Uhrmacher

Die Evolution unterliegt also offensichtlich den Zwängen der Gesetze von Physik, Chemie und Umwelt. Denken Sie nur an die verschiedenen Sehorgane, die es in der Tierwelt gibt. Wissenschaftler gehen heute davon aus, dass sich das Auge hier auf der Erde mindestens 40-mal völlig unabhängig entwickelt hat. Die Unterschiede mögen zwar bemerkenswert sein, aber stets handelt es sich um Augen. Der jeweilige Bauplan hält sich strikt an die physikalischen und chemischen Gesetze und berücksichtigt zwangsläufig auch, wieviel Licht vorhanden ist. Ein objektiver Wissenschaftler müsste zu der Schlussfolgerung gelangen, dass es sich hier um ein Muster handelt und dass das Auge an sich in der Umwelt unseres Planeten einen Gipfel in der Fitnesslandschaft darstellt. Die Evolution bringt das Auge hervor. Sie erschafft auch Beine, Herz, Nervensystem und Gehirn.

Denken Sie nur an die verschiedenen Beine, die sich in der Tierwelt entwickelt haben. Es gibt zwar bemerkenswerte Unterschiede, aber Beine sind es trotzdem alle. Denken Sie an Flügel, Flossen, Münder, Herzen, Kreislauf- und Verdauungssysteme – bei allen Unterschieden zwischen den Arten erfüllen sie doch jeweils dieselbe Funktion.

Betrachten wir einmal das Nervensystem. Die meisten mehrzelligen Tiere haben eines, und die meisten auch ein Gehirn. So wurde die Natur veranlasst, Tiere zu verkabeln. Die Nervensysteme entwickelten sich zu immer größeren Gehirnen und führten zu immer KLÜGEREN Tieren. Was hätte ein Nervensystem sonst auch tun sollen? Seine Aufgabe bestand exakt darin, klügere Lebewesen hervorzubringen. Einige von ihnen konnten nicht aufgrund ihres Fressverhaltens oder ihrer Geschwindigkeit, ihrer Schwimm- oder Flugfähigkeit, ihres Geschicks, sich zu verstecken, oder aufgrund ihrer Kraft überleben, sondern sie eroberten sich ihre Nische dadurch, dass sie sehr geschickt darin waren, ihre Umwelt zu manipulieren.

Augen, Beine, Flügel, Herzen, Nervensysteme und Gehirne haben sich auf der Erde mehrfach entwickelt, weil es sich dabei um stabile Gestaltungsmuster handelt, die auf der Basis der Grundregeln unseres Universums entstanden sind. Sie gehören genauso zum Gesamtentwurf wie Elektronen, Sauerstoffmoleküle und Wärme. Nichts ist daran zufällig.

Ich höre schon, wie mich die Anhänger der Theorie vom blinden Uhrmacher der Evolution für meine Begriffsstutzigkeit in puncto Zufall bemitleiden. Wie steht's denn beispielsweise mit den Dinosauriern? Wieso mussten sie die Bühne denn wieder verlassen, wenn die Evolution doch angeblich so zielgerichtet und konzentriert ist? Nun, das letzte Mal, als ich mir die Dinosaurier anguckte, hatten sie noch Beine, Flügel oder Flossen. Sie liefen oder schwammen, hüpften oder flogen. Sie hatten zwei Augen, ein Maul, eine Nase, zwei Ohren und einen Kopf. Ein Herz hatten sie auch sowie Blut, Nerven und ein Gehirn. Es waren entweder Vegetarier, die sich an das Abweiden der lokalen Flora gewöhnt hatten, oder Fleischfresser, Meister im Töten der lokalen Fauna. Sie besetzten die gleichen Nischen wie unsere Tiere heute auch. Ihre Entwicklung unterlag den Zwängen der Physik, der Chemie und ihrer lokalen Umwelt. Und warum gab es dann keine menschenähnlichen Dinosaurier? Nun, wenn sie nicht aufgrund von Veränderungen der Umwelt ausgestorben wären, hätten sie sich durchaus zu immer intelligenteren Formen weiterentwickeln können. Der Saurornithiodes zum Beispiel ging vor etwa 65 Millionen Jahren, also kurz vor dem Ende der Dinosaurierzeit, auf zwei Beinen, er hatte Arme mit Händen, Fingern und Daumen, hielt den Kopf aufrecht und war anscheinend sozial genug, um in Rudeln zu jagen. Er wog etwa 300 Pfund, vor allem aber war sein Gehirn in Bezug auf seine Körpermaße größer als wir es von irgendeinem anderen Dinosaurier kennen.

Beim Saurornithiodes entsprach das Verhältnis von Gehirn- zu Körpermasse sogar schon in etwa dem einiger unserer Primatenahnen, und vielleicht hätten seine Enkel ein paar Millionen Jahre später schon Symphonien komponiert. Ich bin allerdings ziemlich froh, dass es nicht so weit gekommen ist, denn sonst würden wir alle unseren Gutenachtkuss einem Dinosaurier geben.

Die Dinosaurier haben es wahrscheinlich deshalb nicht geschafft, weil irgendetwas an ihnen nicht in der Lage war, sich auf die Veränderungen in ihrer Umwelt einzustellen. Vielleicht waren sie zu groß oder zu spezialisiert oder zu kaltblütig, um sich rasch genug anpassen zu können. Vielleicht hat aber auch vor 65 Millionen Jahren, wie viele Wissenschaftler glauben, ein Riesenmeteor die Erde getroffen und dramatische Klimaveränderungen ausgelöst, bei denen alle großen Tiere auf dem Planeten ums Leben kamen. Zwar halten wir unsere Säugetiere für anpassungsfähiger, aber es kann durchaus sein, dass wir einfach noch keine so schwerwiegende Umweltveränderung erleben mussten wie die, der die Dinosaurier zum Opfer fielen. Und bevor wir zu überheblich werden, sollten wir bedenken, dass die Vorherrschaft der Dinosaurier immerhin über 150 Millionen Jahre andauerte und wir erst seit einigen zigtausend Jahren existieren, also bloß den berühmten evolutionären Wimpernschlag lang.

Seit das Leben seinen Lauf nahm, sind so moderat geniale Lebewesen wie der Mensch Bestandteil der Gesamtplanung.

Aufgrund der physikalischen und chemischen Verhältnisse in unserem Universum und der auf der Erde herrschenden örtlichen Bedingungen war die Evolution zwangsläufig darauf ausgerichtet, etwas so Kluges, Knuddeliges und Cleveres wie uns Menschen zu konstruieren. Wir sind keine Zufallsergebnisse des DNA-Codes. Der ganze Prozess konzentriert sich darauf, ein Wesen mit einem Gehirn zu erschaffen, das größer ist als zum Bananenpflücken unbedingt erforderlich. Der Random Walk der DNA hat uns nicht erschaffen. Im Rahmen der realen Zwänge und Kostenfunktionen ging er nur der Aufgabe nach, uns aufzuspüren.

Wir waren bereits Bestandteil der sich entwickelnden, auf Informationen beruhenden Komplexität, als uns die Evolution noch gar nicht aufgespürt hatte.

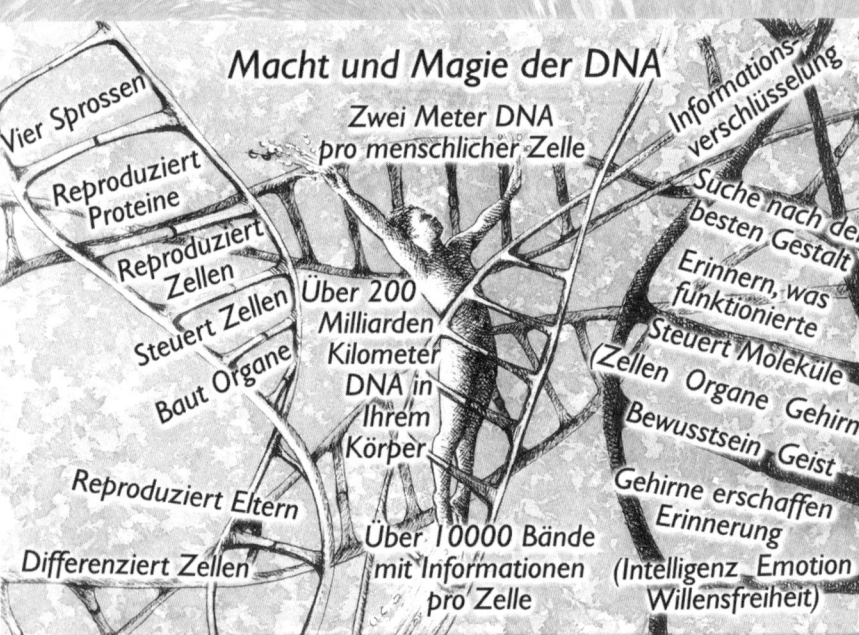

22

Macht und Magie der DNA

Vier Sprossen

Reproduziert Proteine

Reproduziert Zellen

Steuert Zellen

Baut Organe

Reproduziert Eltern

Differenziert Zellen

Zwei Meter DNA pro menschlicher Zelle

Über 200 Milliarden Kilometer DNA in Ihrem Körper

Über 10000 Bände mit Informationen pro Zelle

Informationsverschlüsselung

Suche nach der besten Gestalt

Erinnern, was funktionierte

Steuert Moleküle (Zellen Organe Gehirne

Bewusstsein Geist)

Gehirne erschaffen Erinnerung

(Intelligenz Emotion Willensfreiheit)

DNA –
die Bibliothek des Lebens

»Irgendwie« entwickelten sich mehrzellige Organismen, von denen einige mit einer chemischen Kommunikation auskamen, während sich bei anderen eine elektrische Verkabelung herausbildete. Die erste Gruppe nennen wir Pflanzen, bei der zweiten handelt es sich natürlich um die Tiere. Die interzellulare chemische Kommunikation bei den Pflanzen ist zwar schon erstaunlich, aber doch auch relativ langsam, was wohl erklärt, warum Eichen nicht Basketball spielen.

Wir gehen also davon aus, dass das Leben irgendwann begann und sich »irgendwie entwickelte«. Warum aber bevölkerte sich die Welt dann nicht bloß mit wunderschönen Pflanzen und ließ es dabei bewenden? Die Pflanzen hatten alles, was sie brauchten: Sonne, Wasser und Boden. Es hätte eine sehr schöne, friedliche Welt werden können – ohne Mord und Totschlag. Welchem Zweck sollte es also dienen, Tiere, unter denen ein heftiger Wettbewerb herrschte, elektrisch zu verkabeln?

Ganz einfach: Eine wunderschöne Welt voller Pflanzen hätte kaum mehr Nutzen gehabt als ein Universum voller Wasserstoffwolken. Niemand hätte sie sehen, fühlen, schmecken, riechen oder hören können. Niemand hätte auch nur gewusst, dass sie existiert. Niemand hätte sie geschätzt oder ihre Wärme und ihren Schmerz gespürt – vorausgesetzt natürlich, man unterstellt, dass Pflanzen kein Empfindungs- oder Wahrnehmungsvermögen haben.

Also bildeten sich erst einzelne Nervenzellen heraus und dann ganze Netzwerke von Nervenzellen. Diese Netzwerke wurden mit allen möglichen Detektoren verbunden, damit die verkabelten Lebewesen sehen, fühlen, riechen, hören und schmecken konnten. Das elektrische Netzwerk entwickelte sich weiter und sendete schließlich alle Umweltinformationen, die es erhielt, an ein Gehirn, das darüber befand, was mit dem ganzen Input anzufangen ist. Es fing mit äußerst einfachen Gehirnen und Sensoren an, entwickelte sich aber auf wunderbare Weise immer weiter.

Jedes Tier kommt mit einem Gehirn auf die Welt, das ein Programm enthält, welches in einem hohen Maße, wenn nicht sogar in Gänze definiert, wie sich das betreffende Tier verhalten wird. Dieses Verhaltensprogramm lagert im Speicher und in der Struktur des Gehirns. Seine Nervenverbindungen sind unter anderem darauf abgestellt, das instinktive Verhalten des jeweiligen Tieres festzulegen. Also musste zumindest ein Teil seiner Instinktinformationen in den DNA-Molekülen dieses Tiers gespeichert sein.

Als sich die verkabelten Lebewesen herausbildeten, entstanden also nicht nur Sensoren, Nervenverbindungen und ein Gehirn, sondern auch ganz spezifische eingebaute Speicher beziehungsweise Befehlsketten für ein nützliches Instinktverhalten. Diese ganze Erzeugung und Speicherung von Informationen geht offenbar auf zufällige Mutationen der DNA zurück, die höhere Überlebensraten der Individuen zur Folge hatten.

Unter gestalterischen Gesichtspunkten kann das natürlich nur eines heißen: Das DNA-Molekül ist noch viel großartiger als wir es je vermutet hätten.

Als die erste Zelle mit ihrem winzigen DNA-Wort intakt aus der Ursuppe hervorging (wie immer dies auch geschehen sein mag), musste das DNA-Alphabet auf irgendeine Weise über die Fähigkeit verfügen, nicht nur alle Handlungen dieser Zelle zu codieren, sondern auch ihren Fortpflanzungsprozess. Was aber noch erstaunlicher ist: Dieses DNA-Alphabet musste auch in der Lage sein, alles Künftige erzeugen und beschreiben zu können. Unglaublich, aber wahr: Die DNA entstand fast drei Milliarden Jahre vor dem Gehirn. Trotzdem vermochte sie nicht nur das Gehirn als solches zu erschaffen, sondern auch den Speicher, der die neuronalen Verbindungen steuert.

Aus der Ursuppe ging also seinerzeit nicht bloß eine Zelle hervor – vielmehr entstand eine ganze DNA-Sprache, mit deren Hilfe sich Millionen zunehmend komplexerer Lebewesen beschreiben, bauen und entwickeln ließen. So war das erste DNA-Wort im Grunde bloß ein Vorgeschmack auf eine ganze Sprache, die Dinge wie Gehirne und vorprogrammierte Speicher beschreiben konnte, die erst Milliarden Jahre später entstanden. Alles reine Glücksache, wie? Nein, es war ein Gesamtentwurf.

Wenn Sie übrigens alle DNA-Moleküle zusammentragen würden, die erforderlich sind, um jede einzelne Pflanzen- oder Tierart zu definieren, die je auf der Erde existiert hat, würde diese Ansammlung von DNA auf einen Stecknadelkopf passen – und es wäre immer noch reichlich Platz. Zusammenfassend können wir also sagen, dass die DNA ein bemerkenswert effizientes, robustes und leistungsfähiges Instrument der Informationscodierung ist.

Erinnern Sie sich noch an die Raumfahrer aus der Geschichte im 8. Kapitel? Als sie unsere Bibliothek betraten, kannten sie keine Schriftzeichen. Folglich analysierten sie sie bis hin zu den Farbklecksen, aus denen die Wörter bestanden, und gelangten zu der Auffassung, dass zufällige Muster von Farbklecksen ja wohl kaum eine Bedeutung haben könnten. Nun, die DNA-Moleküle in den Zellen aller Tier- und Pflanzenarten sind die Bücher einer weiteren Bibliothek. Da unsere reduktionistischen Freunde keine Bücher dieser Art kennen, schauen sie sie sich an und reduzieren sie auf die vier Buchstaben der Sprossen des Doppelhelixmoleküls. Und dann kommen sie zu dem Ergebnis, bei den Büchern handele es sich ja bloß um zufällige Mutationen dieser Grundsprossen und deshalb seien sie bar jeder tieferen Bedeutung. Sie irren sich genau wie die außerirdischen Besucher unserer Bibliothek im 8. Kapitel.

Die DNA ist ein ganz großer Wurf, eine unglaublich komplexe Sprache, die jede Zelle, jedes Organ, jede instinktive Reaktion, jede Fähigkeit von Tieren oder Pflanzen zu beschreiben vermag. Sie wird von Molekülen »gelesen« und veranlasst sie dazu, in der Zelle einen ganzen molekularen Maschinenpark in Betrieb zu nehmen und zu überwachen.

Die Wahrscheinlichkeit, dass die DNA-Sprache aufgrund zufälliger chemischer Reaktionen von Molekülen aufkommen konnte, die in irgendeiner Ursuppe zusammenprallten – diese Wahrscheinlichkeit ist nicht nur unendlich klein, sie ist gleich null. Sie ist ein Meisterwerk fortwährend zunehmender Informationskomplexität. Sie hat eine Struktur, baut auf den Grundformen auf, enthält Informationen, erzeugt immer komplexere Dinge und bringt neue Fähigkeiten hervor. Der Zweck des Ganzen besteht darin, Leben und Bewusstsein zu erschaffen, zu erhalten und weiterzuentwickeln. Dieser ganze Prozess beruht auf Informationen und nicht auf Chemie. Die evolvierende Information strebt auf zielgerichteten Pfaden nach immer komplexerem Gehalt.

So verblüffend die Fortschritte auch sein mögen, die wir in den letzten 25 Jahren in Bezug auf Verständnis und Kartierung der DNA gemacht haben – im Grunde sind wir auch noch nicht viel besser als die verwirrten Weltraumreisenden in ihrer denkwürdigen Bibliothek.

Dritter Teil

Unser bewusstes Universum –
allmächlich geht uns ein Licht auf

23

Das allerkomplexeste Muster

100 Milliarden Nervenzellen

Drei Pfund Quarks und Elektronen

Erinnerungen an das ganze Leben

Gedächtnis
Lernfähigkeit
Geschmack
Phantasie
Hoffnung
Hören
Sehen
Begriffe
Wahrnehmung
Kreativität
Riechen
Gefühl
Angst
Körper-kontrolle
Emotionen
Liebe
Reflexe

Unmittelbare holographische Weltsicht

Der Drang, aus Erfahrungen zu lernen

Spaß an der Leistung

Bewusstsein –
die Kirsche auf dem Eisbecher

Seit dem Urknall (oder was auch immer) entwickelten sich, wie wir festgestellt haben, die Teilchen des Universums nach einem ganz bestimmten Muster zu immer komplexeren Gestalten und Einheiten weiter. Ein objektiver wissenschaftlicher Betrachter der Fakten, die wir kennen, müsste eigentlich zu der Erkenntnis gelangen, dass den Elementarteilchen von Anfang an die Fähigkeit eigen war, zunehmend komplexe Formen anzunehmen.

Bei der Schöpfung wird auf irgendeine Weise der Schalter umgelegt, und das Universum füllt sich mit Milliarden von Galaxien. Die Galaxien umfassen Billionen von Sternen. Sterne der zweiten und dritten Generation haben Myriaden von Planeten aus Sternenstaub. Auf Planeten, die über die richtige Größe und Position verfügen, gibt es Ozeane und eine Atmosphäre. Moleküle finden sich zu Aminosäuren zusammen, DNA und Zellen entstehen, und unter dem Einfluss der DNA ergeben sich aus den Zellen immer komplexere Lebewesen.

Diese neuen, auf Informationen beruhenden Lebewesen bevölkern das Biosystem mit verschiedenen Tierarten, bei denen jeweils bestimmte Überlebensaspekte optimiert sind. Die einen sind schneller, andere sind stärker, manche raffinierter und wieder andere geschickter. Soweit die wissenschaftlichen Tatsachen, wie wir sie kennen.

Bei den höher entwickelten Lebewesen entwickelte sich das Nervensystem ausgehend von einem reflexhaften Reaktionsmechanismus zu dem dreiteiligen Gehirn heraus, das wir bei allen Wirbeltieren antreffen. Zuerst entstand das Rautenhirn, das die Grundfunktionen steuert – Herzschlag, Atmung und Körperkoordination –, dann das Mittelhirn, von dem ein Teil der Wahrnehmungsfähigkeit, die Innenwelt, Emotionen und der Schlafzyklus gesteuert werden. Zuletzt entwickelte sich das Vorderhirn. Dort nehmen wir unsere Sinnesinformationen auf. Es wird von der Großhirnrinde umhüllt, der Oberaufseherin über Bewusstsein, Erinnerung, Sprech- und Lernfähigkeit sowie Motivation.

Das menschliche Gehirn stellt die komplexeste Ansammlung von Quarks und Elektronen dar, die wir im Universum kennen. Es wiegt etwa drei Pfund und enthält über 100 Milliarden Neuronen (Nervenzellen), die jeweils bis zu zigtausend Verbindungen mit anderen Nervenzellen aufweisen. Diese neuronalen Verbindungen verändern sich ständig. Je nachdem, was Sie tun, entwickeln sich die existierenden Verbindungen stärker oder schwächer heraus, und ständig entstehen neue Verbindungen. Durch diese ganzen Veränderungen wird das neuronale Netzwerk, das Sie Ihr Gehirn nennen, immer wieder neu programmiert. Alles, was Sie erleben, die Schlüsse, die Sie daraus ziehen, und damit letztlich auch das, was Sie sind, schlägt sich in diesen strukturellen Veränderungen nieder. Das heißt natürlich nichts anderes, als dass Ihr Gehirn nie »fertig« ist – und dass auch Sie persönlich sich ständig weiterentwickeln.

Aus neueren Forschungsergebnissen lässt sich schließen, dass das Gehirn in seiner Gesamtheit mehr ist als die Summe seiner Teile. Der menschliche Geist – die Tatsache, dass Sie sich unmittelbar bewusst sind, wer Sie sind und was Sie zu gewärtigen haben – lässt sich durch den Vergleich mit einem Computer nicht erklären. Eher scheint das elektrische Feld, das von der vernetzten Struktur Ihres Gehirns hervorgebracht wird, Ihr unmittelbares Bewusstsein, Ihr Bild von der Welt und Ihren Geist zu erschaffen.

Denken Sie einmal darüber nach. Zumindest teilweise könnte Ihr Geist in dem elektrischen Feld verkörpert sein, das sich aus der Struktur Ihres Gehirns ergibt. Zwar wird das elektrische Feld tatsächlich von der individuellen Struktur Ihres persönlichen Verkabelungsschemas hervorgerufen, zugleich ist es keineswegs identisch mit den Energiebündeln, aus denen sich die Atome Ihres physischen Gehirns zusammensetzen. Man hört in letzter Zeit immer mal wieder Spekulationen, denen zufolge dieses elektrische Feld möglicherweise eine Art Hologramm bildet. Dann könnte es sein, dass das unmittelbare Bewusstsein unserer selbst von diesem holographischen Feld im Raum erzeugt wird. Bewusstsein, Identität und unmittelbares Weltverständnis könnten Ausdrucksformen eines lebendigen holographischen Feldes sein.

Und damit wären wir verrückterweise wieder bei der Frage angelangt, was Energiepartikel und -felder eigentlich sind. Denn wenn die Idee stimmt, wäre Ihr Gehirn ein Muster aus Energiepartikeln und Ihr Geist ein Energiefeld. Gehirn und Geist könnten zwei unterschiedliche Dinge sein. Ihr Gehirn wäre die physische Struktur, erzeugt von einem komplexen Muster aus den Energiebündeln, die Ihre 100 Milliarden ständig neu programmierten Nervenzellen bilden. Und Ihr Geist könnte sich als ein komplexes Energiefeld erweisen, das von dieser Struktur hervorgerufen wird.

Am Anfang standen drei winzige Energiebündel und die Regelsätze der vier Kräfte beziehungsweise Wechselwirkungen. Daraus ergaben sich stetig komplexere Muster aus Energiebündeln. Diese erzeugten auch immer komplexere Energiefelder, die auf immer kompliziertere Art und Weise interagierten. Schließlich erreichten wir die höchste Komplexitätsstufe des Informationsmusters, das menschliche Gehirn und das Feld, das darum herum existiert. Und dann fragten wir uns: »Wer bin ich, und warum gibt es mich überhaupt?«

Der Geist, Höhepunkt des Bewusstseins, könnte also ein Feld in Raum und Zeit sein. Bei unserer Suche nach einem Weltbild, das alles, was wir wissen, in Betracht zieht, müssen auch solche aufregenden Überlegungen, wie sie in der Hirnforschung derzeit angestellt werden, Berücksichtigung finden.

Bei genauerer Betrachtung werden Sie mir wahrscheinlich beipflichten, dass es nur drei wahrscheinliche Erklärungen für die Entstehung dieses Höhepunktes des Bewusstseins gibt, den Sie Ihren Geist nennen:

1 Auf irgendeine Weise erzeugen die Elektronen, die sich durch die Nervenschaltkreise Ihres Gehirns bewegen, jene Selbstvergewisserung, die wir Bewusstsein nennen. Diese Vorstellung ist in der naturwissenschaftlichen Community immer noch am beliebtesten, obwohl bis heute noch niemand schlüssig zu erklären vermag, wie aus der Bewegung physischer Dinge jemals etwas Geistiges hervorgehen sollte.

2 Die physische Struktur des Gehirns erzeugt eine elektromagnetische Feldstruktur, vielleicht sogar eine Art Hologramm im und um den Kopf herum. Zusammen mit der Bewegung der Elektronen im Gehirn bringt diese Feldstruktur die geistigen Funktionen hervor, die wir als unseren bewussten Geist betrachten. In diesem Modell geht der unmittelbare Funke der Selbstvergewisserung im Grunde von diesem Feld aus.

3 Schließlich besteht theoretisch auch die Möglichkeit, dass da etwas stattfindet, das sich unserem auf dem gesunden Menschenverstand beruhenden Verständnis von Teilchen,

Feldern und überhaupt Physik entzieht. Vielleicht verstehen wir zum Beispiel das Gehirn immer noch ganz falsch. Möglicherweise ist es ja weniger Erzeuger als Empfänger des Bewusstseins. Dann sollte man das Gehirn allerdings besser mit einem Fernsehapparat vergleichen und nicht mit einem Computer.

Unsere materialistischen Reduktionisten würden natürlich allem, was sich sehr weit von der ersten Erklärung entfernt, heftig widersprechen. Insbesondere würden sie die dritte Erklärung als naiv belächeln. Allerdings sollten Sie nie vergessen, dass wir überhaupt noch nicht wissen, warum elektromagnetische Felder, Felder der starken Kraft oder Gravitationsfelder eigentlich existieren. Überzeugt sind wir von ihrer Existenz nur, weil wir ihre Wirkung messen können. Ich möchte die drei Modelle gar nicht miteinander vergleichen, sondern will nur sagen, dass wir mit unserem derzeitigen wissenschaftlichen Verständnis keine dieser möglichen Erklärungen für das Bewusstsein ausschließen können. Ich glaube allerdings, dass das erste Modell, der Favorit in unserem gegenwärtigen naturwissenschaftlich fundierten materialistischen Weltbild, das am wenigsten wahrscheinliche ist.

Ist es also eine Frage der Perspektive? Sind wir nur unbedeutende Zufallsprodukte aus Protoplasma auf einem Stück Sternenstaub, das in irgendeiner von Milliarden Galaxien einen x-beliebigen Stern umkreist? Oder sind wir die komplexeste Form, die Materie und Kraftfelder in unserem Sonnensystem angenommen haben? Und stellen wir als solche das Ergebnis eines eleganten Entwurfs dar, der darauf abzielt, die für bewusstes Leben erforderliche Informationskomplexität zu erzeugen und aufrechtzuerhalten?

Nein, es ist keine Frage der Perspektive. Alles, was wir über unser Universum wissen, alles, was Physiker, Astronomen und Biochemiker in den letzten fünfzig Jahren herausgefunden haben, deutet darauf hin, dass das Universum dafür bestimmt ist, immer komplexere Verbindungen von Elektronen und Quarks hervorzubringen. Wir sind alles andere als Zufall. Wir sind das Ziel – oder zumindest ein entscheidender Schritt auf dem Weg zum Ziel –, das genau in dem Augenblick aufgestellt wurde, als auch Quarks, Elektronen und die vier Grundkräfte entworfen wurden.

24

Wären Protonen so groß wie Murmeln, dann

hätten Kohlenstoffatome
einen Durchmesser von
einem Kilometer

wären Neuronen
so groß wie der Mars

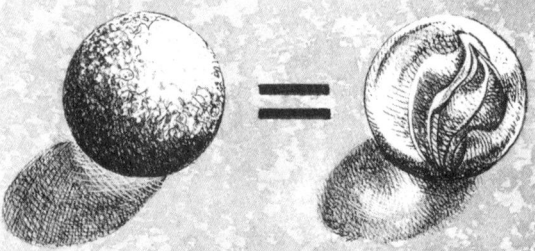

*wäre Ihr Gehirn etwa doppelt so
groß wie unser Sonnensystem*

Vernetzte Murmeln

Damit sich Jenny ein Bild von der Größe und Komplexität verschiedener Objekte machen konnte, spielten wir ein Spiel, das wir Protonenmurmeln nannten. Die Regeln waren ganz einfach. Einer fragte den anderen: Wenn Objekt X so groß wäre wie eine Murmel, wie groß wäre dann Objekt Y? Wenn zum Beispiel die Sonne so groß wäre wie eine Murmel, wie groß wäre dann das Sonnensystem? Der andere musste die Lösung herausfinden. Wie bei vielen meiner sonstigen Versuche, Jenny etwas zu erklären, bin ich mir auch in diesem Fall nicht ganz sicher, wer von uns beiden am Ende mehr gelernt hat. Spielen wir also ein paar Runden Protonenmurmeln.

Drei Quarks bilden ein Proton. Wenn Sie sich vorstellen, dass jedes dieser Quarks so groß wäre wie eine Murmel, dann hätte das Proton, das sich daraus ergibt, einen Durchmesser von mindestens 200 Metern; »mindestens«, weil wir nicht wissen, wie klein genau ein Quark tatsächlich ist. Ja, wenn die Vermutung der heutigen Stringtheoretiker in Bezug auf die Größe eines Quarks stimmt, dann würden sich aus murmelgroßen Quarks Protonen ergeben, die etwa so groß wären wie die gesamte Milchstraße.

Doch bleiben wir bei unserem Ausgangsbeispiel. Dann würden die murmelgroßen Quarks ein rundes Proton mit einem Durchmesser von zwei Fußballfeldern bilden. Die Protonenkugel wäre leer bis auf die drei murmelgroßen Quarks, die annähernd mit Lichtgeschwindigkeit darin herumfliegen. Ein Proton besteht somit offenbar überwiegend aus leerem Raum – abgesehen von der wahrscheinlichkeitstheoretischen Wellencharakteristik der Quarks, die auf irgendeine Weise das gesamte Proton ausfüllt.

Betrachten wir nun ein anderes Beispiel. Wäre ein Proton so groß wie eine Murmel, hätte ein Kohlenstoffatom einen

Durchmesser von etwa einem Kilometer. In dieser Teilchendarstellung wäre das Elektron kleiner als das kleinste Sandkorn, verglichen mit dem murmelgroßen Proton – ach, übrigens, in seiner wahrscheinlichkeitstheoretischen Wellendarstellung würde dieses Elektronensandkorn auf irgendeine Weise die gesamte einen Kilometer große Kugel ausfüllen. Somit hätte ein Kohlenstoffatom einen Durchmesser von einem Kilometer und besäße einen Kern von der Größe einer Billardkugel, der sich aus murmelgroßen Neutronen und Protonen zusammensetzt, in denen sechs Elektronen herumkreisen, die etwa so groß sind wie ein Sandkorn. Offenbar sind also auch Atome bemerkenswert leer.

Wenn Sie sich ein Bild davon machen möchten, wie leer so ein Atom ist, können Sie sich Folgendes vor Augen führen: Wenn die Sonne so groß wäre wie eine Murmel, dann hätte unser Sonnensystem bis hin zum Pluto, dem am weitesten entfernten Planeten, einen Radius von nur 25 Metern. Überlegen Sie, was das heißt: Die Planeten im Sonnensystem sind viel dichter zusammengepackt als die Quarks in einem Proton oder Elektronen in einem Kohlenstoffatom. Anders ausgedrückt: Ein Proton oder auch ein Kohlenstoffatom weist einen höheren Prozentsatz an leerem Raum auf als unser Sonnensystem.

Nun wollen wir unsere Erkenntnisse aus der Murmelphysik auf lebendige Strukturen übertragen, damit wir uns in etwa ein Bild von der komplexen Struktur des Lebens machen können. Wenn also das Proton so groß wäre wie eine Murmel, wäre eine lebendige Zelle drei Viertel so groß wie die Erde, das entspricht ungefähr der Größe des Mars. Das menschliche Gehirn wäre in diesem Maßstab doppelt so groß wie unser ganzes Sonnensystem. Und es würde über 100 Milliarden marsgroße Neuronen enthalten, die alle dicht zusammengepackt und in einem unglaublich komplexen Informationsmuster vernetzt wären, das sich ständig verändert, weil es unsere Gedanken, Erlebnisse und Emotionen aufnimmt und verarbeitet.

Um sich einen Begriff von der beinahe überwältigenden Komplexität des menschlichen Gehirns machen zu können, stellen Sie sich vor, Sie würden aus einem Haufen Neuronen ein Gehirn erbauen. Stellen Sie sich ferner vor, Sie wären geschickt genug, um jedes Neuron an der richtigen Stelle unterzubringen, mitsamt den dazugehörigen zigtausend Verbindungen. Ihr Arbeitstempo beträgt ein Neuron pro Sekunde. Wenn Sie mit dieser Geschwindigkeit rund um die Uhr arbeiten würden, wäre Ihr Gehirn nach 100 000 Jahren fertig. Stellen Sie sich dasselbe nun mit Atomen vor. Malen Sie sich aus, Sie könnten pro Sekunde ein Atom an die richtige Stelle setzen. Dann würden Sie eine Milliarde Mal länger brauchen, als das Universum existiert (also eine Milliarde mal 15 Milliarden Jahre), bis Sie Ihr Gehirn fertig hätten – und das bei täglich 24 Arbeitsstunden.

Allmählich bekommen Sie ein Gefühl für die Komplexität des Ganzen. Denken Sie daran, dass unsere Grundeinheiten, Quarks und Elektronen, irgendeine magische Form gebundener Energie sind. Vergessen Sie auch nicht die Formel $E = mc^2$: Die Menge der in jedem physischen Objekt gebundenen Energie ist gleich seiner Masse multipliziert mit dem Quadrat der Lichtgeschwindigkeit – und die Lichtgeschwindigkeit ist eine ungeheuer große Zahl. Das heißt natürlich, dass selbst äußerst geringe Massen riesige Mengen gebundener Energie enthalten.

Die gebundene Energie, aus der unser Gehirn besteht, entspricht der einer großen Atombombe. Sie manifestiert sich in Trillionen von Elementarteilchen, die in Atomen, Molekülen und Zellen vereint sind. Und all das ist miteinander vernetzt, um Bewusstsein, Gut und Böse, Liebe und Hass, Lust und Leid, Erinnerungsvermögen und Willensfreiheit zu erschaffen und eine ungeheure Lernfähigkeit zu ermöglichen. Dies ist kein Zufall, der sich mit irgendwelchen Unendlichkeiten erklären ließe – nein, es handelt sich um einen Gesamtentwurf, der ein Ziel hat und einen Zweck verfolgt: den bewussten, liebenden, lernenden, schöpferischen und gestalterisch tätigen Menschen.

Übrigens: Eine schwangere Frau erzeugt zweieinhalb Millionen Neuronen pro Minute und kümmert sich in der Zeit auch noch um den Rest der Familie.

25

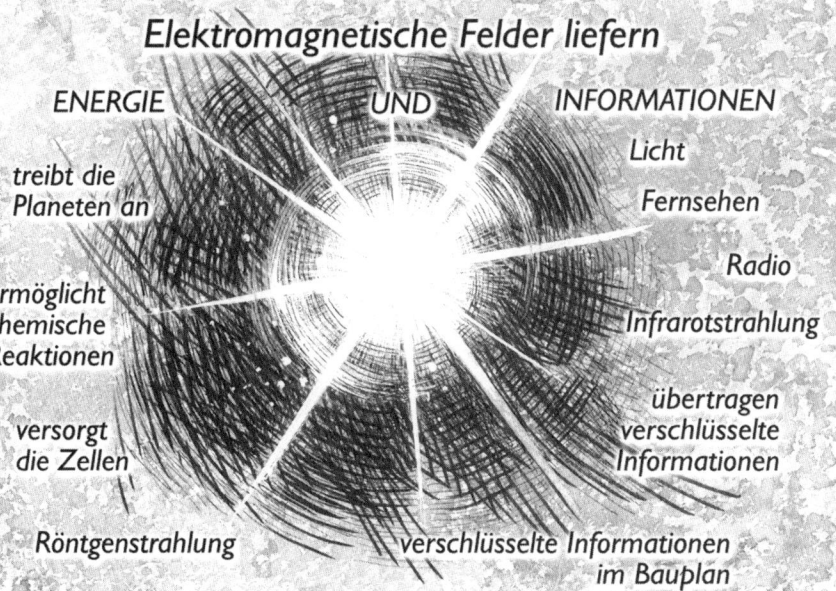

Elektromagnetische Felder liefern

ENERGIE UND INFORMATIONEN

treibt die Planeten an

ermöglicht chemische Reaktionen

versorgt die Zellen

Röntgenstrahlung

Licht

Fernsehen

Radio

Infrarotstrahlung

übertragen verschlüsselte Informationen

verschlüsselte Informationen im Bauplan

Es werde Licht

Wenden wir uns nun einem von Jennys Lieblingsthemen zu: dem Licht. Licht stellt bloß einen kleinen Frequenzbereich im elektromagnetischen Spektrum der Strahlungsenergie dar. Dennoch ist es ein außerordentlich bedeutendes Gestaltungsmerkmal unseres Universums. Warum? Nun, schauen wir uns einmal an, was Licht alles tut und welche Rolle es im Gesamtzusammenhang spielt.

Licht überträgt die Informationen, von denen die Struktur unserer physischen Umgebung, unsere Welt und unser Universum, beschrieben wird. Das tut es mit einem irrsinnigen Tempo, das wir ganz selbstverständlich als »Lichtgeschwindigkeit« bezeichnen. Die Entfernung zwischen Sonne und Erde legt das Licht zum Beispiel in acht Minuten zurück, und in einer Sekunde kann es achtmal rund um den Globus rasen. Wie um alles in der Welt funktioniert das? Energie und Informationen werden auf irgendeine Weise durch die »Leere« des Raums transportiert, und zwar mit einer Geschwindigkeit, die jegliches Vorstellungsvermögen übersteigt.

Ohne die Strahlungsenergie der Sonne bekämen weder die Ozeane noch die Atmosphäre und die chemischen Prozesse, die auf einem Planeten ablaufen, die Energie, die sie benötigen. Das Sonnen- beziehungsweise Sternenlicht ist die Kraft, die den Tanz von Energie und Information, der unser Leben ist, ermöglicht und aufrechterhält. Ohne die Fähigkeit des Lichts, Energie zu übertragen, gäbe es nichts davon. Die Gravitation mag alles zusammenhalten, aber erst das Sternenlicht versorgt das ganze Ballett mit Energie. Deshalb kann es Bewusstsein annehmen. Schließlich beliefert das Sternenlicht diese bewussten Lebewesen auch mit ihrem täglich' Brot, auf dass wir singen und tanzen können …

Betrachten wir nur eines der vielen unabdingbaren kleinen

Merkmale des Lichts. Nicht alle Formen elektromagnetischer Energie tun dem Leben gut. Die meiste Strahlung wirkt sich sogar zerstörerisch auf die chemischen Prozesse aus, auf die das Leben angewiesen ist. Wie will man aber ein Universum anlegen, wenn der primäre Mechanismus der Energieübertragung überwiegend destruktiv ist? Nun, zum Glück hatte der Designer für dieses potenziell tödliche Problem zwei sehr clevere Lösungen parat.

Zum einen geben Sterne wie unsere Sonne erstaunliche Mengen von Strahlungsenergie ab, die jedoch glücklicherweise überwiegend im sichtbaren Spektrum des Lichts übertragen wird. Trotzdem tritt noch genügend »schlechte« Strahlung aus, um jeder aufkeimenden organischen Chemie auf diesem Planeten potentiell den Garaus zu machen. Folglich musste etwas geschehen, um das Leben vor diesen schädlichen Strahlen zu schützen.

Stufe zwei des Plans besteht nun darin, ein großes Magnetfeld um den Planeten herum zu errichten, das die schädlichen ionisierten Teilchen ableitet. Darüber hinaus bedurfte es einer Atmosphäre, die schädliche Strahlungsfrequenzen absorbiert. Diese schützt den Planeten wirksam vor schädlicher Sonnenstrahlung, lässt aber gleichzeitig die notwendige nützliche Energie aus dem sichtbaren Lichtspektrum durch. Um den Magnetschild zu erzeugen, muss man nichts weiter tun, als eine große Masse flüssigen Eisens in den Kern des Planeten zu geben und dann dafür zu sorgen, dass er sich um seine Achse dreht.

Weil aber ultraviolette Strahlen nicht auf den Magnetschild reagieren, war das Verteidigungssystem damit noch nicht komplett. Glücklicherweise verfügt unser Planet darüber hinaus aber auch über eine schützende Ozonschicht hoch in der Atmosphäre, die die potenziell tödliche ultraviolette Strahlung absorbiert. Aus all dem ergibt sich eine geradezu geniale Paarung: dort der Stern, der überwiegend nützliche Energie überträgt, und hier ein Planet mit einem Schutzschild, der nur die gute Energie durchlässt. Damit konnte die Entwicklung der buchstäblich lebensnotwendigen Informationsmuster weitergehen.

Betrachten wir nun auch noch die andere erstaunliche Fähigkeit des Lichts und anderer Formen elektromagnetischer Energie, nämlich ihr Vermögen, Informationen »mit Lichtgeschwindigkeit« zu übertragen. Ständig passieren die Informationen verschiedener Songs, Fernsehshows und viel zu vielen Werbespots Ihren Körper. Informationen lassen sich in vielerlei Arten auf elektromagnetische Energie codieren, bei denen es im Grunde immer um Veränderungen der Frequenzen, Phasen oder Amplituden geht.

Wenn Sie nicht gerade Ihr Radio oder Ihren Fernseher angeschaltet haben, werden Sie sich der ganzen Werbespots gar nicht bewusst, die Ihnen durch den Kopf schwirren. Eine Form elektromagnetischer Energie gibt es jedoch, die Sie aufgrund Ihres Designs empfangen. Ihre Augen und Ihr Gehirn sind wunderbare Empfänger, die die Frequenzen des sichtbaren Lichts als Farben entschlüsseln. Ihr Gehirn lernt aus diesen farbig verschlüsselten Informationen ein mentales Modell der Außenwelt zu erzeugen, damit Sie das Universum wahrnehmen und erkennen können. Hierbei handelt es sich um ein weiteres entscheidendes Merkmal des Universums, das genau so beschaffen sein musste, wie es ist, damit alle Teile zusammenpassen und jene glorreiche Symphonie lebendiger Informationen hervorbringen konnten, die das Bewusstsein konstituiert.

Ohne das Sehvermögen hätte das Bewusstsein nie die Ebene des Erfahrens und Begreifens erreichen können, auf der wir uns heute befinden. Verstehen Sie mich nicht falsch, ich will damit nicht sagen, dass unbedingt alles genau so sein musste, wie wir es kennen. Ich meine nur, dass Sehen und Wahrnehmen der Welt dazugehören, wenn man als bewusste, intelligente Art verstehen und überleben will.

So war also irgendeine Form von Sehvermögen erforderlich, damit sich das Bewusstsein weiterentwickeln und all die interaktionsfähigen Arten herausbilden konnte, die es in unseren Ökosystemen gibt. Ein elementarer Gesichtssinn hätte auch die Form des Grausehens annehmen können – es musste nicht unbedingt unsere üppige Farbenpracht sein. So schön hätte das Leben gar nicht sein müssen. Das ist bloß ein weiteres Geschenk, das sich unser Schöpfer für uns hat einfallen lassen.

Angesichts der wesentlichen Natur des Lichts ist es durchaus sinnvoll, sich einmal zu fragen, was Licht eigentlich ist, über welche Eigenschaften es verfügt, und ob beziehungsweise wie es auch hätte anders sein können. Hier könnte sich das größte Geheimnis überhaupt verbergen. Denn obwohl wir die Fähigkeit besitzen, Informationen in allen Formen der elektromagnetischen Energie (Licht, Radiowellen, Fernsehwellen, Röntgenstrahlen, Laser, Infrarotlicht, …) zu ver- und entschlüsseln, und auch exakte Modelle von elektromagnetischen Feldern und Photonen erstellen können, kommen wir bei einer ganz grundlegenden Frage einfach nicht weiter. Warum verhält sich Licht so und nicht anders? Warum wurde es mit dieser wunderbaren Fähigkeit zur Übertragung von Energie und Information ausgestattet? Warum sind Raum und Zeit in einer vierdimensionalen Wirklichkeit auf beinahe magische Weise so gekrümmt, dass ihr zusammengesetzter Vektor die Lichtgeschwindigkeit nicht überschreiten kann?

Die einzige Antwort, die mir dazu einfällt, lautet: Wäre das alles nicht genau so erschaffen worden, gäbe es kein Leben und kein Bewusstsein. Die Magie des Lichts und des übrigen elektromagnetischen Spektrums scheint darin zu bestehen, dass sie praktisch in Windeseile durch die ganze Schöpfung Informationen kommunizieren und Energie übertragen kann – quasi so, als ob sie alles zusammenhalten sollte. Ohne Licht gäbe es nichts weiter als ein kaltes, dunkles Universum voller Informationsmuster, die niemand jemals »sehen« könnte.

Es werde Licht – diese Bedingung der Schöpfung war offensichtlich gar nicht so leicht zu erfüllen. Der Schöpfer musste herausfinden, wie die vierdimensionale Raumzeit zu krümmen war, geisterhafte Wellen-Teilchen-Photoneneinheiten erschaffen, Energie und Information mit einer Geschwindigkeit von über einer Billion Kilometer pro Stunde übertragen und dann die Lichtgeschwindigkeit für alle Beobachter auf irgendeine Weise konstant halten. Diese ganze phantastische Gestaltungskomplexität war erforderlich, nur um Sternenstaub zu »kochen« und die sich ergebenden bewussten Lebewesen zu füttern und mit Informationen zu versorgen, die sich aus diesem Sternenstaub ergeben sollten. So gesehen ergänzen sich Licht und Bewusstsein auf geradezu ideale Weise.

Noch interessanter wird es jedoch, wenn Sie sich von dem Glauben verabschieden, Bewusstsein entstehe aufgrund elektromagnetischer Felder. Denn dann ergänzen sich Licht und Bewusstsein nicht einfach nur, sondern dann handelt es sich um unterschiedliche Ausdrucksformen ein und desselben Phänomens. Vor vielen Jahren erklärte mir Jennys Großvater einmal, das innerste Geheimnis Gottes liege wohl in den elektrischen Feldern. Als der 20-jährige Reduktionist, der ich damals war, lächelte ich milde und meinte nur: »Klar, Ted.« Heute, fast vierzig Jahre später, weiß ich genau, dass Ted Recht hatte – »die Magie Gottes und des Bewusstseins liegt in den Feldern«.

26

Das kann kein Zufall sein

*In drei Milliarden Jahren
vom kosmischen Staub
zum Bewusstsein*

100 Milliarden Atome

Billionen von Vernetzungen

Intelligenz & Emotion

*Ein Affe bekommt
in 35 Milliarden Jahren
vier richtige Wörter hin –
wenn er Glück hat!*

Ich glaube, ich bin –
denke ich

Bewusste Lebewesen mit einem verständigen Geist sind die vollkommene Ergänzung des Universums. Wozu wäre ein Universum ohne sie von Nutzen? Welchem Zweck würde es dienen, und wer würde davon erfahren? Photonen, die nie ein Fußballspiel übertragen könnten – was für eine tragische Verschwendung. Abstrakte Begriffe, die nie gedacht, Lieder, die nicht gesungen, Tänze, die nie getanzt, Wissenschaften, die nie Forschung betreiben, Theorien, die nie überprüft oder auch nur aufgestellt würden. Das Bewusstsein ist ein unabdingbar notwendiger Bestandteil der Existenz. Ohne es ist die Schöpfung sinnlos (was jedoch niemand bemerken würde).

Wenn ich ein Universum entwerfen müsste, würde ich es so schnell wie möglich mit bewussten Lebewesen bevölkern – sagen wir, nachdem sich die Planeten abgekühlt haben und Wälder und Nahrungskette gediehen sind. Genau so hat es die DNA offenbar auch gemacht.

Leben gibt es seit etwa dreieinhalb Milliarden Jahren, davon etwa zwei Milliarden in Form von Mikroorganismen, Bakterien und einzelligen Amöben. Schätzungsweise 700 Millionen Jahre lang entwickelte es sich zu immer komplexeren mehrzelligen Lebewesen weiter, bis vor etwa 700 Millionen Jahren die Wirbeltiere aufkamen. Seither werden Nervensystem und Gehirn dieser Wirbeltiere zunehmend komplex und leistungsfähig. Angesichts dieser Zeitspannen überrascht es ein wenig, dass wir vor drei Millionen Jahren schon Affen waren. Im evolutionären Maßstab allmählicher Mutationen führt eine gerade Linie schnurstracks vom Affen zum Menschen. Leben und Bewusstsein scheinen sich, nach allem, was wir wissen, tatsächlich so schnell wie irgend möglich entwickelt zu haben.

Das Weltbild unserer reduktionistischen Freunde gründet

auf dem Glauben, Ursache der ganzen wunderbaren Evolution der Informationskomplexität seien beliebige Zufälle, Kollisionen von Energieteilchen, die sich gar nicht hätten verbinden und etwas Neues erschaffen müssen. Gern wird die Parabel vom Affen zitiert, der an der Schreibmaschine sitzt und wahllos in die Tasten haut. Wenn er nur genügend Zeit habe, würde es ihm schließlich gelingen, den ganzen »Hamlet« von Anfang bis Ende ohne einen einzigen Tippfehler hinzubekommen. Die Unendlichkeit, so wird argumentiert, sei schließlich lang genug, um alles mögliche hervorzubringen. Und wenn der Affe den Hamlet hinkriegt, warum dann nicht auch Teilchen ein Universum?

Nun, schauen wir uns das einmal etwas genauer an. Wir nehmen an, der Affe hackt mit einem Affentempo von 10 Anschlägen pro Sekunde auf eine normale Schreibmaschine mit etwa 50 Tasten ein. Aber wir wollen ihm eine Chance geben. Statt ihn den ganzen »Hamlet« schreiben zu lassen, bitten wir ihn, bloß die ersten Wörter zu tippen – etwa 28 Schriftzeichen in der richtigen Reihenfolge. Mit seinen 10 Anschlägen pro Sekunde könnte der Affe 15 Milliarden Jahre lang ununterbrochen tippen, also so lange, wie unser Universum existiert, und die Chancen würden nicht einmal eins zu einer Milliarde stehen, dass er es fehlerfrei schafft.

Die ersten Wörter aus »Hamlet« zufällig richtig zu tippen erscheint einem nicht gerade als weltbewegende Leistung, schon gar nicht im Vergleich zu dem, was alles geschehen musste, damit unser Universum entstehen konnte. In der Zeit, die der Affe braucht, brachte es schließlich geisterhafte Teilchen gebundener Energie, Raum und Zeit krümmende Kräfte, Wasserstoffwolken, Galaxien, Sterne, kosmischen Staub, Planeten, Atmosphären, Ozeane, Moleküle, Aminosäuren, Proteine, RNA, DNA, Zellen, Amöben, Krebstiere, Reptilien, Säugetiere, den Menschen und alles, was wir je geschrieben haben, hervor. Während unser armer Affe, der die ganze Zeit wie wild drauflos tippt, nicht einmal die ersten Wörter aus »Hamlet« richtig hinbekommt.

Die Suchprozesse der Evolution bestehen tatsächlich aus zufälligen Schritten. Doch ihr gesamter Fortschritt wird von der Fitnesslandschaft umweltabhängiger Grundregeln gesteuert. Er wird wirksam gelenkt und praktisch gezwungen, die stabilen Gipfel aufzuspüren, die der Schöpfung innewohnen.

Denken Sie daran: Wären Protonen so groß wie Murmeln, dann wäre ein Neuron so groß wie der Mars und Ihr Gehirn mehr als doppelt so groß wie unser ganzes Sonnensystem. Und in Ihrem Gehirn gibt es über eine Billion Billionen Teilchen, die alle so präzise miteinander vernetzt sind, dass Bewusstsein, Emotionen, Intelligenz, Erinnerungs- und Lernfähigkeit, Lust, Leid und Liebe entstehen können.

Das ist alles so komplex, und wenn es bloß das Ergebnis beliebiger Zufallsverbindungen wäre, würde ich eine hohe Wette abschließen, dass der Affe seine ersten Wörter aus dem »Hamlet« zuerst richtig hinbekommt.

Tja, der arme Affe, tippt noch immer! Das war beileibe kein Kopf-an-Kopf-Rennen. Alles, was Recht ist. Unser Universum hat die Bestandteile des Bewusstseins mit atemberaubendem Tempo zusammengehämmert. Und wenn Sie 15 Milliarden Jahre nicht für ein atemraubendes Tempo halten, können Sie ja mal den Affen fragen. Der muss nämlich noch über eine Billion Lebenszeiten unseres Universums weitertippen, bevor er damit rechnen kann, seine Aufgabe erfüllt zu haben.

Sie müssen schon entschuldigen, dass ich so über die Reduktionisten herziehe – aber schließlich bin ich selbst den größten Teil meines Lebens diplomierter Reduktionist gewesen, und darum attackiere ich im Grunde meine eigenen früheren Ansichten und den, der ich einmal war. Ich habe nämlich auch alles für Zufall gehalten. Auch ich war der festen Überzeugung, wenn die Wissenschaft erst alle Teile aufgedröselt hätte, wäre klar, dass alles auf x-beliebige Verbindungen von Dingen zurückgeht, die eben zufällig zusammenpassten. 15 Milliarden Jahre hielt ich dabei für völlig ausreichend. Die Vorstellung, da könne eine gezielte Planung hinter stecken, kam mir wie ein intellektuelles Ausweichmanöver vor.

Doch dann geschah etwas Unerwartetes und Wunderbares. Die Wissenschaft hat die Dinge tatsächlich richtig aufgedröselt. Doch sie stieß auf eine schier unfassbare Komplexität als Ergebnis einer unablässigen fokussierten Evolution von Energie und Information, die darauf ausgerichtet war, die Macht und die Herrlichkeit des Bewusstseins zu erschaffen.

Viele Menschen schreiben ein Bewusstsein nur dem Menschen zu. Doch da täuschen sie sich. Ich hatte bislang sieben Hunde und konnte an ihnen viel identisches Instinktverhalten beobachten. Doch ich musste auch über ihre Freude staunen, wenn sie mich begrüßten oder hinter einem Ball herjagten, über ihre Zuneigung, ihre Loyalität, ihre Sanftheit und ihre Lernfähigkeit, darüber, wie stolz sie waren, wenn sie Herrchen oder Frauchen eine Freude bereiteten, und was für ein schlechtes Gewissen sie hatten, wenn sie etwas falsch machten.

Ich habe sie getröstet, wenn sie sich fürchteten, war dabei, wenn sie den Verlust eines geliebten Artgenossen oder Menschen betrauerten, und hielt sie im Arm, wenn sie starben. Ich weiß, dass ihr instinktives Verhalten im Gehirn gespeichert ist. Aber ich bin auch davon überzeugt, dass diese Tiere einen bewussten Geist haben. Wir Menschen besitzen kein Monopol auf Bewusstsein. Mit unserem großartigen Gehirn können wir nur mehr damit anfangen.

Der Mensch in seiner gegenwärtigen Form existiert seit etwa 100 000 Jahren. Doch erst in den letzten 10 000 Jahren hat das menschliche Gehirn unser eigenes und das Leben aller anderen Lebewesen auf der Erde wahrhaft revolutioniert.

Offensichtlich legen auch wir Verhaltensmuster an den Tag, bei denen es sich um Instinktprägungen handelt, die sich im Laufe der Zeit entwickelt haben. Überlebenswille, Familienbande, Liebe, Angst, Zorn, Neugier, logisches Denken und die meisten anderen Eigenschaften des Menschen haben ihre Wurzeln in der Vergangenheit und verdanken ihre Verfeinerung der Evolution. Doch irgendwie haben wir in Bezug auf all diese Qualitäten eine erhebliche Überkapazität »entwickelt«.

Vor 100 000 Jahren war in den afrikanischen Steppen nichts los, das die Befähigung zum Entwurf einer 11-dimensionalen Stringtheorie oder zur Komposition, zur Dichtkunst, Architektur, Bildhauerei oder Philosophie erfordert hätte. Auf irgendeine Weise stellten sich diese Fähigkeiten trotzdem ein. Mehr noch: Die letzten 100 000 Jahre ließen kaum genug Zeit für DNA-Mutationen beziehungsweise Neuronenmodifikationen, mit denen sich die Verfeinerung dieser Fähigkeiten erklären ließe. Sie müssen sich bereits lange, bevor wir irgendetwas mit ihnen anfangen oder von ihnen profitieren konnten, eingestellt haben.

Dies ist ein bescheidener und diskutabler Gesichtspunkt, aber doch interessant, weil er die Frage aufwirft, auf welche Weise und warum wir eigentlich die Fähigkeiten bekommen haben, über die wir heute verfügen. Wäre es bloß ums Überleben gegangen, würde kaum in Frage stehen, dass wir für den

Wettbewerb mit den anderen Arten, die es auf diesem Planeten gibt, »überdesignt« sind. Die Konkurrenzkämpfe, die unsere Urahnen auszufechten hatten, fanden mit Sicherheit untereinander statt. Der Prozess der Evolution in der Fitnesslandschaft der Erde muss vor rund 100 000 Jahren dazu geführt haben, dass unsere Mütter in Sachen Intellekt und Potenzial erhebliche Überkapazitäten aufwiesen. An uns war es dann nur noch, davon Gebrauch zu machen.

So entstand der heutige Mensch mit seinem Ensemble von Fähigkeiten und Potenzialen, und wie alles andere auch war er viel mehr als die Summe seiner Teile. Zellen, Organe, Gewebe, Körperchemie, DNA und Gehirn des Menschen unterscheiden sich gar nicht so sehr von anderen Tieren. Seine instinktiven Reaktionen lassen sich bis zu Rudeltieren wie den Wölfen, Hyänen, Gorillas und Schimpansen zurückverfolgen. Doch hier enden auch schon alle Vergleiche. Der Mensch ist eine neue Einheit mit einem weitaus komplexeren Funktionspotenzial und im Umgang mit Informationen bedeutend höheren Kompetenzen.

27

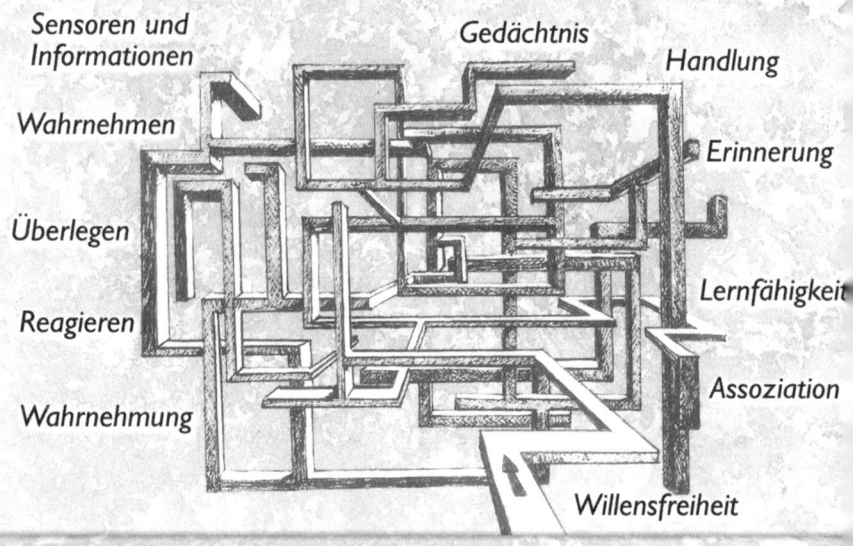

Hätte alles auch anders sein können?

Sensoren und Informationen

Gedächtnis

Handlung

Wahrnehmen

Erinnerung

Überlegen

Lernfähigkeit

Reagieren

Assoziation

Wahrnehmung

Willensfreiheit

Gedächtnis und Willensfreiheit – wie wunderbar sie sich ergänzen

Betrachten wir einige Merkmale des menschlichen Gehirns: Bewusstsein, Willensfreiheit, Neugier, Emotionen, Kreativität, Lernfähigkeit – all das haben Tiere auch, aber beim Menschen sind diese Merkmale zweifellos so hoch entwickelt wie bei keinem anderen Lebewesen in unserem Sonnensystem.

Denken Sie einmal an Ihre Kindheit zurück – sagen wir, an die zweite Klasse –, an Ihre Lehrer und Mitschüler. An alles werden Sie sich zwar nicht mehr erinnern können, aber doch an eine ganze Menge. Selbst Gedanken und Erinnerungen, die ich seit 50 Jahren nicht mehr hatte, sind in den neuronalen Verknüpfungsmustern oder möglicherweise auch im elektromagnetischen Feld dieser neuronalen Muster abgespeichert. Wir sind uns unserer gesamten Lebenserfahrungen bewusst. Mehr noch: Aufgrund unserer Kommunikationsfähigkeiten können wir uns die Erlebniswelt und das Wissen der Menschheit genau in dem Maße einverleiben, in dem wir sie erlernen und uns aneignen möchten. Der Mensch ist ein echter Informationsschwamm. Wir saugen Informationen auf und speichern sie ab. Natürlich können auch Tiere lernen, ohne Großhirnrinde, hoch entwickeltes Gedächtnisvermögen und Sprach- und Kommunikationsfähigkeiten ist es mit dieser Fähigkeit aber nicht sehr weit her.

Offensichtlich gibt es unterschiedliche Bewusstseinsebenen. Einerseits können wir uns an einem warmen Nachmittag in der Sonne aalen und den Augenblick genießen. Im Sonnenschein zu liegen und dabei über ein Universum mit mehr Dimensionen nachzudenken, als wir uns vorstellen können, oder über die Kinder, die eigene Sterblichkeit beziehungsweise darüber, was der Partner vielleicht gerade denkt, ist etwas ganz anderes. Ohne Bewusstsein ließe sich der Augenblick nicht genießen, gäbe es keine Erinnerung an die Vergangenheit, kein Erahnen der Zukunft, keine Lernfähigkeit, keine Gefühle, keine Liebe, keine Lust, kein Leid, keine Werte und keinen Sinn oder Zweck. Nur ein kaltes, dunkles Universum, in dem Objekte aufeinander treffen. Die könnten zwar wunderschön sein, aber etwas Interessantes würde nie geschehen, weil es niemand erleben oder sich dafür interessieren würde.

Für das Universum stellt das bewusste menschliche Gedächtnis zweifellos eine neue Kompetenz und ein neues Instrument der Informationsentwicklung und -verarbeitung dar. Ein Universum mit Gehirnen voller erinnerter Informationen ist mit Sicherheit komplexer und interessanter, umso mehr, als die neuen Lebewesen auch noch über die Fähigkeit verfügen, sich diesen Informationen entsprechend zu verhalten.

Kommen wir nun zum Unterschied zwischen Entscheidung und Instinkt. Zumindest einer Definition instinktiven Verhaltens zufolge ist das Gehirn so vorprogrammiert, dass es auf einen bestimmten Input unter bestimmten Bedingungen auf ganz spezifische Weise reagiert. Weil sie es nicht anders gelernt haben, meinen die meisten Menschen, nicht nur Insekten, sondern auch andere Tiere würden ihr Leben nach diesem Muster fristen. Doch da täuschen sie sich, zumindest im Hinblick auf Tiere, die höher entwickelt sind als Insekten.

Meine Hündin Kelsey zum Beispiel verfügt gewiss über ein Wertesystem. Trockenfutter oder sogar die Hundekekse, die sie gern frisst, sind es nicht wert, dass man sich ihretwegen schlecht fühlt. Wenn wir aber warmes Brot, Schokolade oder Fleisch auf der Arbeitsplatte in der Küche liegen lassen, sind die Leckereien verschwunden, wenn wir heimkommen, und Kelsey hat sich unters Bett verkrochen.

Kelsey hat gelernt, was wir als gutes oder schlechtes Verhalten ansehen. Sie unterscheidet zwischen richtig und falsch. Sie trifft eine Entscheidung. Wenn sie brav war, empfindet sie ganz offensichtlichen Stolz, und hat ein schlechtes Gewissen und schämt sich, wenn sie böse war. Auch Tiere haben ein Gedächtnis, sie machen sich Werte zu Eigen und haben Gefühle. Nur dass sie darin nicht annähernd so gut sind wie wir.

Der Unterschied zum vorprogrammierten instinktivem Verhalten besteht darin, dass man bei einer Entscheidung freien Zugang zu seinen Erinnerungen und Erfahrungen hat und von diesen profitiert, um den nächsten Schritt zu planen. Auf eine Situation, die wir nicht kennen, reagieren wir oft mit Angst, weil wir nicht gelernt haben, was wir tun sollen. Nach mehreren Erfahrungen dieser Art wissen wir, wie wir reagieren können und was auf uns zukommt, und dann fühlen wir uns schon wohler und werden selbstsicherer. Angst, Vertrauen und Behaglichkeit beruhen auf Instinkten. Wenn man lernt, mit einer neuen Situation umzugehen, trifft man Entscheidungen, die auf der Erinnerung an frühere Erfahrungen beruhen.

Es wird behauptet, es gebe gar keinen freien Willen – alle Erfahrungen, die wir machen, alles, was wir lernen, würde durch hirnphysiologisch angelegte Instinkte gefiltert. Willensfreiheit sei demzufolge reine Illusion. Dazu kann ich nur sagen, dass Leute, die so etwas behaupten, mit Sicherheit keine halbwüchsigen Kinder haben, nicht einmal einen Hund.

Die Willensfreiheit macht das Universum bedeutend komplexer und interessanter. Ohne können Tiere nur sehr begrenzt auf die Situationen reagieren, mit denen sie es zu tun bekommen, sind nicht viel mehr als Fleisch, das mit vorprogrammierten Instinkten reagiert. Jedes neue instinktive Verhalten entsteht aus einer Mutation der DNA, die zu einer neuen neuronalen Verknüpfung führt. Ohne Willensfreiheit werden alle Handlungen von diesen vorprogrammierten neuronalen Verknüpfungen diktiert. Bei solchen Lebewesen kann es durchaus noch ein paar Unendlichkeiten dauern, bis sie Bridge spielen lernen.

Im Verlaufe der Evolution des Gehirns hat sich auf irgendeine Weise auch das Gedächtnis herausgebildet, das nur einen einzigen Zweck hat, nämlich den, gegenwärtiges und künftiges Verhalten zu beeinflussen. Man kann sich die ersten Tiere so vorstellen, dass sie total von Instinkten gesteuert wurden, die in ihrem vorprogrammierten Gedächtnis gespeichert waren. Dann begannen sich die Speicherkapazitäten des Gehirns zu verbessern. Die neuen – klügeren – Tiere waren zwar immer noch primär von Instinkten gesteuert, verfügten nun aber bereits über die Fähigkeit, sich an die Folgen früheren Verhaltens zu erinnern, und konnten diese Erinnerungen dazu nutzen, bessere Entscheidungen zu treffen. So nahmen Erinnerungsvermögen und Entscheidungsfähigkeit zu, während instinktive Verhaltensweisen eine immer geringere Rolle spielten. Schließlich entstand der heutige Mensch mit seinen gewaltigen Gedächtnisleistungen und der sich daraus ergebenden beispiellosen Fähigkeit, aus seinen Fehlern zu lernen.

Damit existierte nun also ein Tier, das sich nicht nur des Augenblicks bewusst war und ihn genießen konnte, sondern auch die Gesamtsumme seines Erlebens zu reflektieren vermochte. Informationen werden vom Bewusstsein buchstäblich zum Leben erweckt. Und die Willensfreiheit versetzt diese lebendigen Informationen in die Lage, unendlich viele neue Möglichkeiten der Informationsverarbeitung hervorzubringen. Damit wird das Universum gleichsam um eine Dimension erweitert.

Lassen Sie uns an dieser Stelle einen Moment innehalten und über ein Bewusstsein nachdenken, das mit Gedächtnis, Intelligenz, Willensfreiheit, Emotionen und Kreativität ausgestattet ist. All das ist ebenso zauberhaft wie großartig. Führen wir uns vor Augen, wie notwendig es dafür ist, dass die Wunder der Schöpfung wahrgenommen, gewürdigt und sogar teilweise verstanden werden können. Und wie bedeutsam, damit das Universum einen Sinn bekommt. Was für eine trostlose und traurige Energieverschwendung wäre es gewesen, hätte nicht irgendeine Form intelligenten Bewusstseins existiert, die darüber staunt, dass es das alles gibt und sich nach dem Wie und Warum fragt. Denken wir an die ganze Lust, den Schmerz und das Drama der menschlichen Existenz. Denken wir an die schier unglaubliche Eleganz des freien Willens im Kampf um Gut und Böse. An die Herrlichkeit von Liebe und Mitgefühl. An die Schönheit des Ganzen. Denken wir an die Existenz des Bewusstseins.

Lassen Sie uns jetzt überlegen, ob das Bewusstsein auch hätte anders sein können. Die Sinne bestimmt. Es hätte durchaus sein können, dass wir mit Hilfe von Schallechos »sehen«, statt via Licht und Gesichtssinn, oder statt mit Stimme und Gehör mit elektrisch übertragenen Gedanken kommunizieren. Gefühle, Empfindungen und Farben könnten auf andere Weise oder mit anderer Auflösung und Schärfe wahrgenommen werden. Das könnte alles sein. Hätte aber auch die Grundbeschaffenheit des Bewusstseins eine andere sein können?

Mit Hilfe unserer Sinnesorgane nehmen wir Informationen auf. Im Gedächtnis speichern wir sie. Wir erschaffen und verfeinern unseren wunderbaren aktuellen Weltfilter auf der Basis dessen, was wir über diese Informationen und unsere persönliche Lage für gültig zu halten gelernt haben. Infolgedessen verfügen wir über die im Grunde ja erstaunliche Fähigkeit, immer sofort zu wissen, wer wir sind, was wir können, unsere gegenwärtige Situation zu analysieren und zu erkennen, was auf uns zukommt. All das beziehen wir genauso in unsere Überlegungen ein wie die Reaktionen der Umwelt auf unsere früheren Handlungsweisen. Wir lernen zu reagieren und unser Leben zu führen, und das tun wir ausgesprochen gern. Dass das Bewusstsein auch hätte ganz anders sein können, vermag man sich eigentlich kaum vorzustellen.

Nun können Sie einwenden, das liege natürlich genau an der Beschränktheit unseres Bewusstseins. Vielleicht, doch ich bin mir nicht sicher, ob das so ganz stimmt. Wir können Sensoren konstruieren, die alle bekannten Informationsquellen erfassen, und uns die verschiedensten Computerstrukturen und Prozessalgorithmen ausdenken, mit denen wir diese Informationen analysieren und verarbeiten. Und in all diesen Konstruktionen erkennen wir Analogien zu dem, wie wir selbst konstruiert sind.

Es ist gar nicht so überheblich, davon auszugehen, dass das Bewusstsein erforderlich ist, damit das Universum wahrgenommen wird, dass es zur Vollendung kommt und die Schöpfung einen Sinn erhält. Und aufgrund der Kenntnisse über Informationsübertragung, -wahrnehmung und -verarbeitung ist es kaum überheblicher, die Gestalt unseres Bewusstseins, unserer Wahrnehmungs-, Gedächtnis- und Lernfähigkeiten nicht nur für logisch, sondern auch für eine Ausdrucksform der grundsätzlich einzig möglichen Umsetzung zu halten.

Alles ist entweder Zufall oder Schöpfungsplan. Eine andere Möglichkeit gibt es nicht. Jede Komplexitätsschicht, die unsere Wissenschaftler freilegen, verkündet lauthals, dass allem ein Gesamtplan zugrunde liegen muss. Praktisch alle bedeutenden theoretischen Physiker glauben an die Eleganz und Symmetrie des Universums, an die Schönheit und die Einfachheit der Grundprinzipien sowie an deren universale Anwendbarkeit. Um nichts anderes geht es schließlich bei ihrer großen Suche nach der Weltformel. Zwar sind sie überzeugt, dass alle Elemente der Schöpfung an der Entstehung des Universums beteiligt waren, doch das Wort »Schöpfung« bringt keiner von ihnen über die Lippen. Das liegt einfach daran, dass sie seit der Vorschule gelernt haben, in Unendlichkeiten, Wahrscheinlichkeiten und Zufällen zu denken.

Das Bewusstsein aber ist zu komplex, zu unumstößlich, zu logisch, zu schön und viel zu vollkommen, um ein Zufall zu sein. Nebst Gedächtnis, Intelligenz, Willensfreiheit und Gefühlen war es von Anbeginn an Ziel und Zweck. Allein das Bewusstsein kann wahrnehmen, würdigen, genießen, in Frage stellen, lieben. Und damit verleiht es allen anderen höchst komplexen Energie- und Informationsmustern Sinn und Bedeutung. In der Tat, das Bewusstsein ist die Kirsche auf dem Eisbecher unseres Universums.

28

Geist, Wahrheit und Zahlen

Was fühlen Sie dabei?   Was ist die Wahrheit?   Zahlen bringen Spaß!

Psychologen   Philosophen   Mathematiker

Sauber-   Das Ego   Argumente
keitser-   Selbstbeobachtung   Informatik
ziehung

Behaviorismus   Wortbeispiele

Ratten   Symbolische Logik   Oh!
in einem
Labyrinth   Vergleiche zwischen Gehirn und Computer

Die Menschheit –
eine unendliche Geschichte

Seit 2 000 Jahren diskutieren die Philosophen über das Wesen von Geist, Bewusstsein, Wahrheit, Gut und Böse. Zu Beginn des 20. Jahrhunderts wurden die Debatten so erbittert und verwirrend, dass eine Gruppe von Philosophen erklärte, eine weitere Erörterung habe keinen Sinn, weil unsere Sprache zu vieldeutig und daher gar nicht in der Lage sei, sich angemessen mit der Thematik zu befassen. In der Hoffnung, die Philosophie mit einer quantifizierbareren Sprache wiederbeleben zu können, begaben sie sich auf eine fünfzig Jahre während Suche nach einer auf der Mathematik beruhenden symbolisch-logischen »Sprache«. Diese Bemühungen auf den Gebieten der Logik, Boole'schen Algebra und Informatik führten vor 60 Jahren zur Geburt des Computers. Auf die Qualität der philosophischen Debatten wirkten sie sich leider nicht aus.

Ähnlich die Psychologie. Sie wurde zu Beginn des 20. Jahrhunderts von der Selbstbeobachtung beherrscht, einer Methode, die großenteils auf den Spekulationen eines einzelnen Forschers über ein beobachtetes Verhalten beruhte, und an der sich dann fruchtlose Debatten zwischen den Wissenschaftlern entzündeten, die ihre jeweiligen Spekulationen verteidigten. Genau wie die Philosophen suchten Anfang des 20. Jahrhunderts auch die Psychologen nach etwas Quantifizierbarerem. Kurzerhand erklärten sie den Geist zu einer auf Außenreize reagierenden Black Box und stellten fest, dass sie sowohl den Reiz als auch die Reaktion messen und quantifizieren konnten. Diese unglückliche Schlussfolgerung war die Geburtsstunde der behavioristischen Psychologie, die etwa ein halbes Jahrhundert lang kleine Tiere durch ein Labyrinth jagte und sie mit der Stoppuhr in der Hand beobachtete. In den 1950er-Jahren, als das Computerzeitalter aufdämmerte und man erkannte, dass die Seele viel zu kompliziert ist, als dass man sie durch die Messung von Reiz und Reaktion erfassen könnte, verschwand der Behaviorismus wieder von der Bühne.

Quantifizierungsversuche verfehlten also sowohl in der Philosophie als auch in der Psychologie ihr Ziel. Doch die beiden Wissenschaften verbanden sich zu zwei bedeutenden Übergangsphänomenen: Computerzeitalter und moderne Psychologie.

Die Psychologie ist heute eine der aktivsten Wissenschaften überhaupt. Allein in Amerika gibt es an die 180 000 Psychologen. Zählt man die Psychiater, Biologen, Physiologen und Biochemiker, die das Gehirn und seine Funktionen studieren, noch hinzu, sind allein in den USA mehr als eine Viertelmillion Menschen von buchstäblich allen Seiten aus den Geheimnissen von Gehirn, Geist und Bewusstsein auf der Spur. Weltweit muss es über eine Million wissenschaftlicher Profis geben, die sich tagtäglich mit der Frage beschäftigen, was das menschliche Gehirn alles kann und warum.

Auf diesem Gebiet gibt es sehr unterschiedliche, höchst aktive Forschungszweige mit vielen eigenen Methoden, Techniken, Theorien und Denkrichtungen. Im Grunde existiert gar keine einheitliche psychologische Wissenschaft, sondern fünfzehn bis dreißig einzelne Forschungsgebiete. Und jedes hat seine eigenen Theorien, die auch noch miteinander im Wettstreit stehen.

Denken wir nur an die Psychotherapie, bei der mit dem Klienten über sein Leben und seine Probleme gesprochen wird. Eine neuere Erhebung kam auf über 250 verschiedene psychotherapeutische Behandlungsmethoden. Sie variieren von passiven Therapeutenbeziehungen – der Therapeut sagt praktisch gar nichts – bis hin zu ganz aggressiven Interaktionen, bei denen Patienten oder Patientengruppen vom Therapeuten buchstäblich angebrüllt werden. Die zugrunde liegenden theoretischen Behandlungskonzepte reichen von den Erlebnissen im Geburtskanal bis hin zu dem Versuch, gegenwärtige Weltsicht und künftige Ambitionen des Patienten beziehungsweise Klienten zu verstehen.

Ein anderer Zweig der Psychologie befasst sich mit dem Studium der Wahrnehmung, also im Grunde mit der Frage: »Wie gelangen Informationen von außen eigentlich ins Gehirn, und wie nehmen wir unsere Umgebung wahr?« Dieser Ansatz ist eng mit der Erforschung der physiologischen Hirnstrukturen verbunden. Die Wissenschaft hat erhebliche Fortschritte dahingehend gemacht, wie das Sehvermögen und unsere anderen Sinne miteinander verkabelt sind und wie und wo Informationen transportiert, gespeichert und verarbeitet werden. Wir wissen jedoch immer noch nicht, wie wir eigentlich sehen, wie die Bilder im Kopf erzeugt werden. Wir haben keine Ahnung, wie unser Bewusstsein – was auch immer das sein mag – diesen visuellen Datenstrom eigentlich wahrnimmt.

Ein anderer Zweig ist die Sozialpsychologie, die letztlich untersucht, wie Menschen miteinander interagieren und warum das so ist. Wie verhalten wir uns in den verschiedenen Situationen, in denen wir uns begegnen? Der Mensch weist ja rätselhafte Paradoxa auf. Allem Anschein nach geht es uns am besten, wenn wir in einer warmherzigen, aufrichtigen, mitfühlenden Gemeinschaft von Freunden, Familienangehörigen und Kollegen verankert sind. Doch jeder von uns hat auch sein Ego, ein starkes Selbstgefühl, das naturgemäß nach Leistung strebt, auf Konkurrenz aus ist und ein Weltbild befördert, das zu unbeugsamem Individualismus neigt. Zwar stehen diese beiden Tendenzen nicht im absoluten Widerspruch zueinander, sie setzen jedoch ein sehr anspruchsvolles Ensemble von Verhaltensspielregeln voraus, wenn man eine Gesellschaft errichten möchte, in der Harmonie und Mitgefühl mit individuellen Bedürfnissen, Leistungen und Fortschritten vereinbar sein sollen.

Die kognitive Psychologie wiederum konzentriert sich auf die Frage, wie wir im Geist Informationen zusammenfügen, um uns einen Begriff davon zu verschaffen, was wir an unserem Umfeld, an uns selbst und an unserer Welt für wahr halten. Wie kommen wir auf Ideen? Wie bilden sich geistige Modelle? Wie entwickelt sich unsere Weltanschauung, und warum sind wir von ihr überzeugt? Auch in der kognitiven Psychologie gibt es heutzutage noch viele, miteinander konkurrierende Theorien, wobei durchaus die Möglichkeit besteht, dass sie alle falsch sind. Den Prozess der Gedankenbildung zu lokalisieren und zu verstehen, ist noch erheblich schwieriger als es beim Prozess des Sehens der Fall ist.

Die Liste der Zweige und Schulen der Psychologie ist schier endlos. Wir wollen hier nur noch auf einen Bereich eingehen: die Entwicklungspsychologie. Sie interessiert uns besonders, weil sie die grundlegenden Fragen stellt: »Mit welchen Fähigkeiten werden wir geboren? Welche müssen wir uns aneignen? Wie lange lernt der Mensch?« Damit werden die zentralen Dinge angesprochen, nämlich wer wir sind und was aus uns werden kann.

Als Jenny noch sehr klein war, erklärte ich ihr, ein neugeborener Geist sei wie ein Schloss mit Tausenden von Zimmern und jedes dieser Zimmer stelle eine potenzielle Fähigkeit dar, die das Baby erlernen könne. Doch bei der Geburt sind alle Zimmer bis auf eines leer. Das ist das Knuddel- und Stillzimmer, das Einzige, worauf sich das Baby versteht. Im Laufe seines

Lebens kann der Mensch jedes Zimmer in seinem Schloss besuchen und es einrichten, indem er sich die potenzielle Fähigkeit aneignet, für die das Zimmer steht. Wenn er sich gut in diesem Raum einrichtet – viel lernt –, wird daraus ein warmes, angenehmes, einladendes Plätzchen, an das er gern zurückkehrt. Wenn sich der Mensch das Zimmer jedoch nicht zu seinem eigenen macht, dann wird es immer ein leerer, kalter, ja beängstigender Ort bleiben, den er sein Leben lang meidet.

Mein Ziel war es natürlich, Jenny dazu anzuspornen, gut in der Schule zu sein, sich ihr Lese-, Mathe-, Rechtschreib- und Freundschaftszimmer hübsch einzurichten und den Mut zu finden, auch andere Zimmer zu betreten und zu erforschen. Ich rückte jedoch bald wieder von dem Bild ab, weil ich fand, die Vorstellung, eine Tür nicht zu öffnen, sei gleichbedeutend damit, ein Zimmer nie zu sehen und das betreffende Leben nicht führen zu können, hat doch einen leicht negativen Beigeschmack. Dennoch bleibt es eine sehr gute Metapher für die psychologischen Erkenntnisse über den menschlichen Entwicklungsprozess.

Wir alle haben Zugang zu einer schier unendlichen Vielfalt an Fluren, die wir abschreiten, und Zimmern, die wir betreten können. Ich zum Beispiel hätte ins Eislaufzimmer oder ins Hirnchirurgiezimmer gehen und es mir ein wenig einrichten können, aber ich habe es nie getan.

Ihre Entscheidungen gestalten das Schloss. Sie leben in dem Schloss, das Sie sich eingerichtet haben. Seine Zimmer repräsentieren die Fähigkeiten, die Sie sich angeeignet haben, und die Erinnerungen an alles, was Sie jemals erlebt haben. Unser Entwicklungspotenzial ist überwiegend fortschreitender Natur. Das heißt, dass Sie gewisse Zimmer erst betreten können, wenn Sie zuvor in anderen Zimmern waren und sie sich eingerichtet haben. So können Sie zum Beispiel das Algebrazimmer erst einrichten, nachdem Sie im Rechenzimmer waren. Das Zimmer der gebrochenen Herzen erschließt sich Ihnen erst nach dem Liebeszimmer. Überhaupt können Sie bestimmte Zimmer erst betreten, nachdem Sie den Flur der kindlichen Entwicklung durchschritten und alle erforderlichen Lernzimmer besucht haben, die von ihm abgehen.

Entwicklungspsychologen haben unsere Lernfähigkeit kartiert. Und während sie sich früher in erster Linie auf Kindheit und Jugend konzentriert haben, sind sie mittlerweile zu der nahe liegenden Erkenntnis gelangt, dass wir unser ganzes Leben nicht nur nicht aufhören zu lernen, sondern dass wir anscheinend auch immer neue Lernfähigkeiten entwickeln. Manche Dinge lernt man vielleicht erst richtig, wenn man sie erlebt. Je mehr Erfahrungen Sie in einer bestimmten Richtung machen, desto wahrscheinlicher ist es, dass Sie Ihr Weltbild entsprechend ausrichten. So ist zum Beispiel kaum daran zu zweifeln, dass Mitgefühl durch Lernprozesse verstärkt wird – das gilt übrigens auch für den Hass. Es hat schon seinen Grund, dass praktisch alle Gesellschaften (unsere möglicherweise ausgenommen) davon ausgehen, dass ihre älteren Mitbürger einen höheren Grad an Lebensweisheit aufweisen. In der Regel stimmt es ja auch.

Etwa im Alter von 13 Jahren ist jeder von uns in der Lage, das Schloss seiner Wahl zu entwerfen und zu errichten. Die Bauwerke unterscheiden sich natürlich erheblich. Jedes neue Schloss beruht auf einem neuen, einzigartigen Ensemble von Fähigkeiten und ist mehr als die Summe seiner Teile. Während unsere Erkenntnisse über das materielle und geistige Universum steigen, steht jeder Mensch sozusagen auf den Schultern derer, die vor uns gelernt und ihre Erfahrungen gemacht haben. Wir können weiter und klarer sehen als unsere Vorfahren.

Das Gleiche gilt für die emotionale Intelligenz. In dem Maße, in dem die Psychologie mehr über Persönlichkeit, Entwicklung, soziale Interaktion, Bedürfnisse und Fähigkeiten des Menschen in Erfahrung bringt, können wir die Zwänge einschränkender und beengender Weltanschauungen abschütteln. Daran wachsen wir und gewinnen möglicherweise neue Ideen zur Gestaltung unserer kollektiven Zukunft.

Wer oder was aus uns wird, hängt davon ab, wie wir die Zimmer und Flure nutzen, die uns zugänglich sind. Wie die Entwicklungspsychologie herausgefunden hat, entwickelt sich jeder von uns sein ganzes Leben lang weiter. Ihre Gegenwart, unsere Gegenwart ist nur ein Punkt auf der Reise. Doch wirklich von Bedeutung ist die Erkenntnis, dass sich die Menschheit als Ganzes weiterentwickelt – sie ist eine unendliche Geschichte und wird es aufgrund der Fähigkeiten unseres Geistes wahrscheinlich auch immer bleiben.

Während die Menschheit als solche Neues erfährt und erlernt, werden auch für jeden Einzelnen von uns neue Zimmer und gelegentlich sogar ganz neue Flure zugänglich. Denken Sie nur an die letzten hundert Jahre – an den Computerflur mit den Millionen neuen Räumen, an den Atomenergieflur mit seinen Zimmern, von denen einige richtige Horrorkabinette waren, an den Relativitätstheorie- und Quantenphysikflur, an den Rock-and-Roll-Flur, an den Filmflur, an die großartigen Medizin- und Technikflure und an tausende andere Flure.

Ich weiß, nun denken Sie wahrscheinlich, so viel Wahlfreiheit hätten Sie nie gehabt. Geld, Verantwortung, Familie, sozialer Druck, Begabung und Zeit – all das scheint sich zu verschwören, um die Entscheidungen, die wir treffen können, einzuschränken. Ich kann Ihnen nur empfehlen, im Hinblick auf die Zwänge, die Sie akzeptieren, sehr vorsichtig zu sein.

Tun Sie alles, was in Ihren Kräften steht, um Ihr Schloss so zu gestalten, dass Sie Ihr Leben wirklich gern darin verbringen.

29

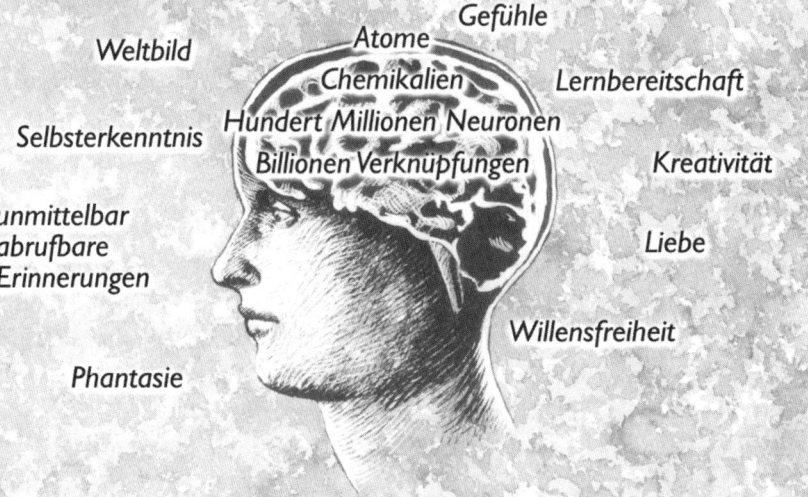

Eine andere Dimension mit neuen Fähigkeiten

Weltbild

Gefühle

Atome

Chemikalien

Lernbereitschaft

Selbsterkenntnis

Hundert Millionen Neuronen

Billionen Verknüpfungen

Kreativität

unmittelbar
abrufbare
Erinnerungen

Liebe

Willensfreiheit

Phantasie

Viel mehr als ein Computer

In den 1950er-Jahren dämmerte die Erkenntnis, dass Computer logische Funktionen ausführen können und dass man sich Nervenzellen als komplexe elektronische Schaltelemente vorstellen kann. Damit bekam die Beschäftigung der Philosophen und Mathematiker mit symbolischer Logik eine neue Bedeutung. Sie stritten sich nicht länger über das Wesen des Wissens und die Syntax der Sprache, sondern begannen, zusammen mit Ingenieuren, an der Entwicklung und Konstruktion von Computern zu arbeiten.

Diese beruhen heutzutage in der Regel auf einem einzigen Prozessor, der auf Programmbefehle im Speicher zugreift und sie an einem sequenziellen Fluss eingehender Daten nacheinander durchführt. In der zweiten Hälfte des 20. Jahrhunderts versuchten Informatiker und Ingenieure, die Maschinen immer intelligenter zu machen – das Ziel bestand darin, sie dem menschlichen Denken anzunähern. Doch die logischen Sprachen, die dabei entstanden, kamen beileibe nicht an die Komplexität und Feinheit der menschlichen Sprache heran. Dagegen erbrachten sie auf dem Gebiet der symbolischen Logik und bei mathematischen Berechnungen hervorragende Leistungen. Wie sich herausstellte, lassen sich Komplexität und Finesse unserer Kommunikations- und Denkprozesse nur sehr schwer in einer symbolisch-logischen Sprache beziehungsweise mit einem Computer erfassen.

Doch es gab noch ein größeres Problem. Die Menge an Informationen, die wir in jedem wachen Augenblick über die Sinnesorgane empfangen, ist gewaltig. Wie verarbeiten und verstehen wir eigentlich all diese Informationen? Wie nehmen wir die Wirklichkeit wahr und finden uns in ihr zurecht? Bestimmt nicht mit einem einzigen Prozessor, der eins nach dem anderen tut.

Mit Supercomputern auf einem einzigen Siliziumchip und Programmen, die Schach spielen, Flugzeuge steuern, Raketen lenken, Zahlen verarbeiten, Datenbanken durchsuchen und zahllose andere Aufgaben schneller und besser ausführen können als der Mensch, sind wir enorm weit gekommen. Computer sind auf vielen Gebieten ungeheuer erfolgreich und haben unser ganzes Leben revolutioniert. Ein Modell für die Komplexität und Funktionalität des menschlichen Denkens sind sie dennoch nicht. Der menschliche Geist unterscheidet sich in vielerlei Hinsicht vom Computer.

Erstens sind wir uns unserer selbst bewusst und haben nicht die geringste Idee, wie wir einer Maschine dieses Selbstbewusstsein beibringen sollten. Wir sind uns aber nicht nur jeden Moment unserer selbst bewusst, sondern auch der Welt, unseres Platzes in ihr und der sich darauf beziehenden kurz- und langfristigen Erwartungen.

Zweitens sind wir der Welt zugewandt, indem wir Erfahrungen aufsaugen und abspeichern. Wir sind geradezu getrieben davon, interessante Erfahrungen zu machen, insbesondere solche, die unseren Informationsschatz mehren. In jedem einzelnen Moment erkennen wir unsere ganze Situation, und zwar mittels einer gefilterten Weltsicht, die praktisch alles umfasst, was wir je erfahren und gelernt haben. Dabei müssen wir die Milliarden von Erinnerungen nicht einmal abrufen und unsere gegenwärtige Situation durch Vergleiche interpretieren. Auf irgendeine Weise sind all diese Erfahrungen und unser ganzes Wissen Bestandteil unserer Vorstellung der Wirklichkeit und unserer selbst. Durch diesen phantastischen Filter nehmen wir die Welt und uns selbst unmittelbar wahr. Auf irgendeine Weise wissen wir, was wir wissen, was wir können und womit wir zu rechnen haben.

Dieses magisch bewusste Selbst »frisst« Lebenserfahrungen und Informationen und wächst daran. Dabei verändert sich der Filter seiner Weltsicht, und seine Interessen gehen in eine neue Richtung. In diese neue, interessantere Richtung steuert es dann seine Suche nach neuen Erfahrungen. Je mehr Erkenntnisse und Informationen diesem bewussten Selbst zugänglich sind, desto komplexer wird der Filter seiner Weltsicht und desto kompetenter und selbstbewusster wird das Individuum, das sich auf diese Weise entwickelt. Buddha hat einmal gesagt, der Geist sei alles – du wirst, was du denkst. Er hatte Recht.

Ein dritter, wesentlicher Unterschied zwischen dem Menschen und dem Computer besteht darin, dass es sich bei uns um fürsorgliche, gefühlvolle Wesen handelt. Wir sind großer Leidenschaften fähig: Liebe, Hass, Lust, Zorn, Ekstase und Depression. All das können wir zu einem relativ alltagstauglichen Verhalten mäßigen, mit dem wir unser Leben in der Gesellschaft bewältigen; doch kratzt man auch nur ein wenig an diesem coolen Äußeren, kommt ein Wesen zum Vorschein, das überwiegend von Emotionen gesteuert wird.

Das emotionale Zentrum im Gehirn ist ein kringelförmiges Gebilde, das so genannte limbische System, das das oberhalb des Rückenmarks befindliche Stammhirn umschließt. Es besteht kein Zweifel daran, dass sich das Gehirn von unten nach oben entwickelt hat, zuerst das Stammhirn, dann das limbische System und zuletzt die Bereiche des Neokortex. Ein wenig vereinfacht gesagt, steuert das Stammhirn den Körper, das limbische System die Emotionen und die Großhirnrinde das Denken. Das heißt also, dass die Emotionen lange vor dem rationalen Denken existierten – vielleicht schon hunderte von Jahrmillionen früher. Das rationale Denken macht uns zwar zu dem, der wir sind, aber es beruht auf einem im Grunde emotionalen Gehirn.

Wir lieben es, zu singen, zu tanzen, miteinander in Wettstreit zu treten, etwas zu erschaffen, zu lachen, zu lernen, zu gewinnen, kreativ zu sein, uns zu freuen und Leistungen zu erbringen. Aber vor allem lieben wir es, zu lieben und geliebt zu werden. Wir sind dafür gemacht, den Tanz des Lebens durch und durch zu genießen und sind beileibe keine coolen, passiven, rationale Entscheidungen treffenden Wesen, ganz gleich, wie gern wir es auch so hätten.

Liebe ist für unser Gedeihen genauso wichtig wie Luft, Wasser und Nahrung. Enthalten wir einem Kind die Liebe vor, so wird es, wie sich immer wieder gezeigt hat, zu einem sehr kaputten Menschen heranwachsen. Schenken wir diesem Kind jedoch unsere bedingungslose Liebe, können wir zuschauen, wie es heranwächst, Erfolg hat und sich in der Glorie des Lebens sonnt. Und was für Kinder zutrifft, gilt auch für Erwachsene. Nur dass wir unsere Gefühle und Bedürfnisse besser verbergen können.

Wir haben nicht die geringste Vorstellung davon, wie wir einem Computer Selbst- oder Weltbewusstsein (dass er sofort weiß, was er alles weiß) vermitteln oder ihn mit Emotionen ausstatten sollten, damit er seine Interessen, Aktivitäten und die weitere Entwicklung selbst steuert. Wir wüssten ja noch nicht einmal, wie wir auf Gefühlsebene mit einem Rechner kommunizieren sollten. Ebenso wenig können wir uns vorstellen, wie wir einem Computer das gesamte Wissen beibringen sollen, das sich ein Mensch im Laufe seines Lebens durch Erfahrung und Lernen aneignet.

Vielleicht gelingt es unseren Urenkelinnen eines Tages, in tausenden von Jahren, einen selbstbewussten, weltgewandten, fürsorglichen Computer zu entwickeln, aber selbst daran habe ich meine Zweifel. Der Datendurchsatz aller PCs der nächsten Generation in praktisch jedem amerikanischen Haushalt wäre erforderlich, um die Kapazität eines menschlichen Gehirns auch nur annähernd zu erreichen. Und selbst ein solcher Supercomputer hätte absolut keine Chance, jemals selbstbewusst zu werden, überhaupt ein Bewusstsein zu erlangen, sich an sein erstes Date zu erinnern oder sich Sorgen um die Welt zu machen. Computer verarbeiten Daten, mehr nicht. Mit einer Rechenmaschine sind sie bedeutend enger verwandt als mit einem menschlichen Gehirn.

Der mystische Tanz von Energie und Information geht also weiter. Die evolvierende Komplexität hat eine neue Ausgangsbasis gefunden, ein selbst- und weltbewusstes, fürsorgliches, emotionales Wesen, das danach strebt, viel Interessantes zu lernen und zu erfahren. Ein Wesen, das sich Mühe geben, lernen, begreifen und materiell, aber auch begrifflich Neues erschaffen kann.

30

Wissenschaft im antiken Gewand

Antike Gesellschaften
auf der ganzen Welt

Judentum
Buddhismus
Islam
Konfuzianismus
Christentum
Hinduismus
Taoismus

Mitgefühl
Liebe
Ehre
Ehrlichkeit
Respekt
Verehrung

Gesellschaftliche Experimente

Propheten als Beobachter und Theoretiker
der Regeln des menschlichen Zusammenlebens

Werte fürs Leben

Wir Menschen brachten eine ganz neue Ebene von Bewusstsein, Lernbereitschaft, Willens- und Entscheidungsfreiheit in unseren Teil des Universums ein. Der Willensfreiheit, wie wir sie (als die Fähigkeit, Entscheidungen auf der Grundlage früherer Erfahrungen zu treffen) definiert haben, folgt natürlich als Nächstes die Frage: Welche Entscheidungen wird die Menschheit treffen? Welches Wertesystem wird sie errichten? Warum ist das so, und was hat das alles für eine Bedeutung?

Sehen wir uns kurz an, wie unsere Vorfahren die Erde bevölkerten. Vor etwa sieben Millionen Jahren, erklärt die Wissenschaft, trennte sich in Afrika ein Zweig des gemeinsamen Stammbaums von Gorillas und Schimpansen ab. Vor rund vier Millionen Jahren hatten unsere Ahnen den aufrechten Gang gelernt, Körper und Hirn wurden allmählich größer. Homo Erectus, unser Ururur…opa, hatte vor etwa anderthalb Millionen Jahren schon ungefähr unsere Größe. Sein Gehirn allerdings war erst halb so groß wie das unsrige. Seine Nachfahren wanderten vor rund einer Million Jahren nach Ostasien und vor etwa 500000 Jahren nach Westeuropa. Diese verschiedenen »Inseln« der Menschheit entwickelten sich weiter, bis vor rund einer halben Million Jahren Ururur…oma und Ururur…opa Homo Sapiens auf den Plan traten, deren Skelett annähernd unsere Größe hatte. Ihr Gehirn war jedoch noch immer erheblich kleiner.

Vor etwa 70000 Jahren lagen anscheinend alle Teile vor, die den heutigen Menschen ausmachen. Ungefähr zu dieser Zeit erreichte das Gehirn seine gegenwärtige Größe, und auch die Sprache hatte sich entwickelt. Seit rund 40000 Jahren gibt es, zunächst in Afrika, Asien und Europa, Leute wie uns, und alle anderen Menschenformen, Neandertaler und Co., sind im Dunkel der Geschichte verschwunden.

Etwa um diese Zeit, also vor 40000 Jahren, zog es unsere Ahnen zu den indonesischen Inseln, von wo aus sie nach Australien gelangten. Vor etwa 20000 Jahren schließlich wanderten Menschen nach Sibirien und von dort aus vor rund 13000 Jahren nach Alaska. Als unsere Vorfahren erst einmal in Nordamerika waren, verbreiteten sie sich innerhalb von 1000 Jahren südwärts bis zur Spitze von Chile. Dass in Australien und Amerika innerhalb von wenigen Jahrtausenden nach dem ersten Auftreten des Menschen mehrere Arten großer Tiere verschwanden, ist wahrscheinlich kein Zufall.

Vor rund 10000 Jahren waren alle Kontinente von heutigen Menschen bevölkert. Diese lebten in kleinen Gruppen, machten Jagd auf Tiere und sammelten wilde Früchte.

Wenn wir unsere Geschichte von diesem Zeitpunkt an Revue passieren lassen, hat es den Anschein, als ob sich die kulturelle Entwicklung der Menschheit auch in voneinander isolierten Teilen des Globus auf ganz ähnliche Weise vollzog. In der ganzen alten Welt bildeten sich überraschend ähnliche soziale Strukturen, Regierungsformen, Religionen und ethische Codizes mit praktisch identischen Wertesystemen heraus.

Zunächst schlossen sich die Menschen zu kleinen Familiensippen zusammen. Sie jagten, sammelten Nahrung und arbeiteten, um die Sippe am Leben zu erhalten und sie zu verteidigen. Mit zunehmender Bevölkerungsdichte vereinigten sich diese Sippen in manchen Gebieten aus Gründen des Selbstschutzes zu größeren regionalen Jäger-Sammler-Stämmen. Dann kam die Landwirtschaft auf, und mit ihr wurden die Stämme größer. Ackerbau und Viehzucht führten zu bislang unbekanntem Nahrungsreichtum, sodass sich die Menschen auch anderen Tätigkeiten zuwenden konnten. Unmittelbare Folge war die Spezialisierung auf gewisse Fertigkeiten – die Menschen übernahmen bestimmte Rollen. Sie wurden Handwerker, Krieger, Priester oder Politiker. Dies führte zur Entstehung der ersten kleinen Städte und zu Gemeinschaften und regionalen Gesellschaften, an deren Spitze ein Häuptling stand.

Diese Stammesgesellschaften wurden – in der Regel mit Gewalt – zu Nationen verschmolzen, die von Königen regiert wurden, die, wenn nicht direkt als Götter, dann doch als gottgleich, verehrt wurden. Bei diesen Religionen und Nationen handelte es sich um eng verbundene Einheiten, die einander stützten, rechtfertigten und verteidigten. Häufig oktroyierten die Religionen ihren Anhängern ein strenges Kastensystem auf, damit jeder an seinem Platz blieb und die Sicherheit der herrschenden Klasse nicht in Gefahr geriet.

Nach diesem Modell entwickelten sich Kultur und Gesellschaft bis vor etwa 2 000 Jahren praktisch überall auf der Welt.

Dann kamen die großen Religionen auf, die regionale Grenzen überschritten. Alle diese Religionen hatten ein gemeinsames Thema. Sie konzentrierten sich auf Wert und Würde des Individuums und darauf, wie Menschen miteinander umgehen sollten. Die Herrscher waren keine Götter mehr. Als das Gedankengut dieser großen Religionen immer mehr Anhänger fand, veränderten sich Gesellschafts- und Regierungsformen, die Kastensysteme verschwanden und dem Einzelnen wurden mehr Rechte eingeräumt.

Die großen Weltreligionen (Hinduismus, Buddhismus, Taoismus, Konfuzianismus, Judentum, Islam und Christentum) brachten bemerkenswert ähnliche Werte und Philosophien hervor. Als Grundlage ihrer Weltanschauung legten alle großes Gewicht auf Familie, Beziehungen, Mitgefühl, Integrität, Freiheit, Gerechtigkeit und persönliche Verantwortung. Alle sprachen dem Einzelnen Würde, Freiheit und das Recht auf Selbstverwirklichung zu und übertrugen ihm persönlich die Verantwortung dafür, dass er ein gutes Leben führte. Jede dieser großen Religionen sah in Liebe und Mitgefühl den Weg zum wahren Glück und zur wahren Erfüllung und nicht in irgendeiner egozentrischen Vorstellung von der Welt.

Alle großen Religionen sind gleichsam Anleitungen, wie man Genusssucht, den Drang nach sofortiger Bedürfnisbefriedigung, Gier oder Brutalität überwinden kann. Sie lehren uns, unser Leben zum Wohle der Familie, der Gemeinschaft und letztlich auch des Einzelnen zu führen. Ihre großartige Weisheit besteht darin, dass sie die Lehren, die Generationen von Menschen aus dem Leben gezogen haben, zu Regeln und Theorien zusammenfassen, die das auf den Punkt bringen, was sowohl für den Einzelnen als auch für die ganze Gemeinschaft am besten ist, und zwar nicht nur in der Gegenwart, sondern auch für künftige Generationen. Die Religionen repräsentieren gleichsam die verdichtete Weisheit aller Zeiten zu der Frage, wie der Mensch zu zivilisieren ist.

Wie kann das sein? Wie konnte es dazu kommen, dass praktisch alle großen Religionen nur geringfügige Variationen der gleichen Weltanschauungen, Wertesysteme und ethischen Maßstäbe aufweisen? Die einfachste Antwort lautet, dass die Werte, zu denen sie sich bekennen, tatsächlich funktionieren – es sind gültige Wahrheiten. Sie haben die Jahrhunderte der menschlichen Entwicklung überlebt, weil sich mit Hilfe dieser Regelsätze und des sich daraus ergebenden Weltbildes tatsächlich stabile Gesellschaften errichten lassen.

Man kann sich das als eine Evolution von Ideen über die optimale Lebensweise, das wünschenswerteste Verhalten zu den Mitmenschen und über die Frage vorstellen, wie man stabile Gesellschaften mit zufriedenen, erfüllten Menschen errichten kann. Genau wie bei den anderen Formen der Evolution überleben auch hier nur die Besten. Allerdings geht es in diesem Fall nicht um die beste DNA, sondern um die besten Ideen.

Nun kann man sich eine Menge verschiedener Möglichkeiten vorstellen, wie Menschen miteinander umgehen können, und im Laufe der Jahrhunderte haben wir wahrscheinlich alle einmal ausprobiert. Das Interessante ist, dass alle großen Religionen und Kulturen aus diesem Chaos mit ähnlichen Wertesystemen hervorgegangen sind.

Würde man einen Wissenschaftler auffordern herauszufinden, welche physikalischen Gesetze unter bestimmten Umständen am Werk sind, würde er Experimente durchführen, die Ergebnisse beobachten, Hypothesen aufstellen und diese so lange überprüfen und ständig verbessern, bis sie schließlich den experimentell ermittelten Fakten entsprächen. Was geschähe, wenn dieser Wissenschaftler der Frage nach den besten Regeln und Gesetzen nachgehen sollte, die man aufstellen könnte, um eine gesunde Gesellschaft zu erschaffen, welche die Bedürfnisse des Einzelnen optimal befriedigt? Er könnte sich ein Experiment ausdenken, bei dem er mehrere Gruppen von Individuen isoliert und sie dann beobachtet, um zu sehen, welche Wertesysteme entstehen.

Angenommen, der Wissenschaftler könnte diese Experimente über viele Generationen hinweg durchführen und dann analysieren, welche Gruppe überlebt, welche eine Blüte erfährt und welche Regeln sich in den jeweiligen Gruppen gebildet haben. Am Ende könnte er feststellen, ob die überlebenden Gesellschaften irgendwelche Regeln gemein haben und, wenn ja, welche es sind. Unterstellt, es wäre der Fall, könnte er dann aus diesen Regelsätzen eine wissenschaftliche Schlussfolgerung ableiten, wie Individuen leben und sich zueinander verhalten sollten?

Dieses Experiment hat in den letzten 10 000 Jahren tatsächlich stattgefunden. Bei allen Gesellschaften, die sich auf der Erde entwickelt haben, haben sich im Prinzip auch die gleichen Gesetze, Glaubensvorstellungen und Werte herausgebildet. Sie lassen sich in den folgenden zehn Regeln zusammenfassen:

Regel 1: Majestät und Mysterium bestimmen die Schöpfung, unbegreifliche Schönheit und Kraft. Betrachte sie nicht als selbstverständlich.

Regel 2: Achte und liebe alle Aspekte der Schöpfung und die Kraft, die sie erschaffen hat, die Gestalt und den Gestalter.

Regel 3: Zeit ist das kostbarste Gut, das wir haben. Sie besteht aus verschiedenen Stadien. Nütze jeden Teil deines Lebens weise und schätze jeden Augenblick und jedes Stadium deines Lebens. Reserviere einen Teil deiner Zeit dafür, über die Majestät und das Mysterium der Schöpfung und über die Schöpferkraft nachzudenken und sie zu verehren.

Regel 4: Denke daran, deine Energien so zu investieren, dass du dich mitfühlend um all deine Familienangehörigen kümmerst, insbesondere um deinen Partner oder deine Partnerin, deine Eltern und deine Kinder. Die

Bande, die du zu diesen Menschen knüpfst, sind dein größter Schatz und zugleich das größte Geschenk, das du machen kannst.

Regel 5: Integrität und Ehrgefühl sind von großer Bedeutung. Sage stets die Wahrheit und stehe zu deinem Wort. Wenn du dich zu etwas verpflichtest, dann tue es auch. Du sollst nicht verschlagen, hinterlistig oder niederträchtig sein. Deine Ehre ist wichtiger als jedes selbstsüchtige Ziel, das du durch Lüge oder Betrug erreichst.

Regel 6: Ehrlichkeit und Achtung gegenüber dem Besitz anderer Menschen sind von großer Bedeutung. Stiehl nichts, das rechtmäßig jemand anderem gehört.

Regel 7: Schädige, verletze oder töte keinen anderen Menschen, wenn es nicht absolut notwendig ist, um dich selbst, deine Familie oder unschuldige Mitglieder deiner Gemeinschaft zu verteidigen.

Regel 8: Gesunde, glückliche, kompetente Kinder großzuziehen, ist die höchste Erfüllung, die du in deinem Leben erreichen kannst. Eltern gelingt dies am besten, wenn sie sich ihr Leben lang füreinander und für ihre Familie engagieren und dieses Engagement über alle Entbehrungen und Versuchungen hinweg hochhalten.

Regel 9: Sei glücklich mit allem, was du hast. Strebe danach, dass es dir und deiner Familie besser gehen möge, aber verschwende nicht deine Zeit, indem du Dinge begehrst, die du nicht hast. Du sollst die Rechte deines Nachbarn, seinen Besitz und seine Familie achten. Neide ihm nicht, was rechtmäßig sein ist, und versuche es nicht zu erlangen.

Regel 10: Unterscheide Gut und Böse. Das Gute beruht auf Liebe, Mitgefühl und der Achtung vor diesen Regeln; das Böse beruht auf Hass, Gier und der Missachtung dieser Regeln.

In jeder florierenden Gesellschaft herrschen diese Regeln. Sie repräsentieren die beste Art und Weise, wie Menschen zusammenleben und Gesellschaften verfasst sein können. Aus Echtzeitexperimenten unserer Vorfahren haben sich unsere ethischen Vorstellungen und die daraus resultierenden Regelsammlungen bis zu einem Punkt entwickelt, an dem sie als grundlegend wahr gelten können. Die einmütige Schlussfolgerung aus all diesen gesellschaftlichen Experimenten lautet: Es gibt Gut und Böse. Sie sind ebenso Bestandteil des Universums wie die Regelsätze, die das Verhalten von Aminosäuren, der Kernfusion oder der Elektrizität steuern.

31

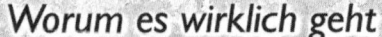

Worum es wirklich geht

Was ist heilig?

Was brauchst du alles?

Was ist nicht mit
Geld zu kaufen?

Was bringt Freude
und Frieden?

Wofür lohnt es
sich zu leben?

Was hält die
Welt zusammen?

Der wissenschaftliche Garten
von Gut und Böse

Mir ist bewusst, dass ich gewisse Menschen beleidigt habe. Wissenschaftler werden hämisch einwenden, bei diesen zehn Regeln handele sich keinesfalls um wissenschaftliche Wahrheiten. Und religiös Empfindende werden sich von meiner Aussage gekränkt fühlen, die Gebote, nach den sie leben, seien aus dem Überleben der stärksten Ideen entstanden. Dadurch fühlen sie sich als Teil von Gottes Schöpfung herabgewürdigt. Im Folgenden möchte ich versuchen, beide Gruppen zu beschwichtigen. Zunächst die Wissenschaftler.

Vergessen Sie einen Augenblick lang Ihre Vorurteile gegenüber der Religion und überlegen Sie, wie unsere Regeln, Werte, Ethik und Gesetze entstanden sind. Es war doch genau so, wie ich es beschrieben habe. Die Ideen und Werte, die geeignet waren, eine gesunde, robuste Gesellschaft mit gesunden, robusten Individuen zu begründen und aufrechtzuerhalten, wurden von einer Generation zur nächsten überprüft und verfeinert. All diese Lebensexperimente wurden von weisen Menschen beobachtet, die daraufhin Theorien über Gut und Böse aufstellten. Ideen und Werte entwickeln sich genau wie die DNA. Das Leben stellt sie im Vergleich zu konkurrierenden Ideen und Werten auf den Prüfstand, und diejenigen, die für den Fortbestand der Bevölkerung, der Gesellschaft und ihrer Individuen von Nutzen sind, überleben.

Mit dem Menschen, jenem bewussten, lernfähigen Lebewesen, entstand eine ganz neue Form von Evolution, eine Evolution der Ideen und Werte. Nützliche überleben. Schädliche Ideen und Werte werden vom Leben genauso getilgt wie schädliche DNA. Die Ideen und Werte, die von der Gesellschaft aufrecht erhalten werden und überleben, sind für den Fortbestand und das Wachstum dieser Gesellschaft die besten. Der erste Mensch, der sie aufgeschrieben hat, mag ebenso auch der erste Wissenschaftler gewesen sein, weil er die beobachteten Fakten, wie Menschen leben und Gesellschaften gedeihen, festhielt und eine Theorie niederschrieb, die die Regeln für die beste Art zu leben definierte.

Die zehn Regeln und die Ethik, die dahinter steht, sind eine legitime wissenschaftliche Theorie. Aufgrund der experimentell erbrachten Beweise erfüllt sie alle Voraussetzungen einer wissenschaftlichen Wahrheit. Vergessen Sie Ihre Kämpfe mit nachfolgenden Dogmatikern – Weisheit, Schönheit und Wahrheit dieser Gesetze und Werte wurden von Wissenschaftlern im antiken Gewand entdeckt.

Jene religiös Gläubigen wiederum, die sich von der Vorstellung sich entwickelnder Werte und von Wissenschaftlern im antiken Gewand gekränkt fühlen, sollten bedenken, dass sich die Werte nur im Geist von Menschen entwickelten. Die grundlegende Wahrheit war immer dieselbe. Als die Menschheit noch nicht wusste, wie Elektrizität funktioniert, wurden die verschiedensten Theorien aufgestellt und überprüft. Die Elektrizität selbst und ihre Eigenschaften blieben davon gänzlich unberührt. Das einzige, was sich entwickelte, waren unsere Theorien – bis wir schließlich die grundlegende wissenschaftliche Wahrheit über die Elektrizität herausfanden. Und als wir die Wahrheit über Gut und Böse noch nicht verstanden und nicht wussten, wie wir leben und wonach wir uns richten sollten, haben wir auch viele Theorien und Wertsysteme ausprobiert, bis sich unsere Ideen und Werte so weit entwickelt hatten, dass sie die Grundwahrheit darüber definieren, wie wir leben sollten.

Anders ausgedrückt: Die Grundwahrheit darüber, wie wir leben sollen, um optimal gesunde, florierende Gesellschaften herausbilden zu können, war von Anfang an Bestandteil der

Schöpfung. Wir mussten nur lernen, sie durch Generationen von Lebensexperimenten und durch die Beobachtung dessen zu artikulieren, was funktioniert und was nicht, was der Wahrheit entspricht und was nicht. Evolvierende Ideen erschaffen die Wahrheit nicht, sie spüren sie bloß auf. Die Evolution von Ideen wie auch der DNA ist nichts als ein Suchprozess. Die Wahrheit über Elektrizität, physikalische und chemische Gesetze, die Weltformel, überlebensfähige Lebensformen, Bewusstsein, Ethik, Gut und Böse ist von Anfang an Bestandteil des Universums. Ob diese Grundregeln nun irgendeinem Patriarchen auf göttliche Weise offenbart wurden oder nicht, spielt keine Rolle. Sie sind wahr. Sie stehen für die Wahrheit über die Schöpfung und den Menschen, über die Gestalt und den Gestalter.

Die reduktionistische Betrachtungsweise, der einige Wissenschaftler anhängen, gestattet ihnen leider nur, die Farbkleckse als wirklich und wahrhaftig anzuerkennen. Die höheren Ebenen der Organisation von Informationen halten sie bloß für zufällige Kombinationen ihrer kostbaren Farbkleckse. Die Evolution einer auf Informationen basierenden Komplexität, die unser Universum konstituiert und die es mit all den Wundern, die wir erblicken, und mit allem, was wir sind, erfüllt, können sie nicht erkennen. Diese Wissenschaftler sollten akzeptieren, was Mathematik und wissenschaftliche Techniken und Methoden ausrichten können und was nicht und sollten den ideologischen Krieg, den sie doch längst gewonnen haben, endlich beenden.

Theologen und Philosophen hingegen sollten anerkennen, was für ein herrliches Geschenk ihnen die Wissenschaft macht, indem sie uns erklärt, wie elegant alles funktioniert. Sie sollten die überholten Teile ihrer Weltanschauungen nicht länger verteidigen und sich stattdessen auf den Reichtum von Weisheit und Wahrheit konzentrieren und darauf, wie wir unser Leben führen und wie wir miteinander umgehen sollten.

Könnten wir doch bloß alle Aspekte unserer Erkenntnisse und Erfahrungen miteinander verbinden. Dann könnten wir ein umfassendes Weltbild erstellen, das mit all den glorreichen Wahrheiten vereinbar ist, die wir über unser Universum herausgefunden haben. Angesichts von philosophischem Negativismus und um sich greifender Verzweifelung, die nicht zuletzt von den Mythen der Reduktionisten genährt wird, wäre dies gerade in der heutigen Zeit so wichtig.

Kehren wir nun zu dem zurück, was uns die Experimente evolvierender Gesellschaften über das Wesen unseres Universums lehren, indem wir die vier Grundfragen stellen:

Was sollten wir am meisten wertschätzen?

Was sollten wir heilig halten?

Was macht das Leben lebenswert?

Wofür würde es sich lohnen zu sterben?

Die Schöpfung ist so beschaffen, dass es auf alle vier Fragen nur eine grundsätzliche Antwort gibt: die Liebe. Darauf ist alles ausgerichtet. Unser kostbarster Schatz sind unser Ehepartner, unsere Kinder, unsere Eltern, unsere Geschwister und unsere Freunde, und zwar für die meisten in etwa dieser Reihenfolge. Das Auto, das wir fahren, das Haus, in dem wir wohnen, die Dinge, die wir besitzen, stehen weiter unten auf der Liste, hinter Gesundheit, Kompetenz, Wissen, Arbeit und unseren Erinnerungen.

Liebe ist nicht bloß das Gefühl, das Sie für Menschen empfinden, die Ihnen nahe stehen – Liebe ist eine Lebensweise. Die Liebe behandelt jeden Tag wie ein kostbares Geschenk. Die Liebe freut sich an dem, was Sie sind. Die Liebe schützt Ihren Geist und Körper wie kostbare, unersetzliche Kunstwerke. Was sie tatsächlich auch sind. Die Liebe ist das Verlangen, in all das einzutauchen, was im Leben gut ist: Lernen, Helfen, Erschaffen. In erster Linie ist die Liebe Mitgefühl fürs Leben, für jedes Leben. Die Liebe ist die innere Verpflichtung, dafür zu sorgen, dass es denen, mit denen Sie in Kontakt treten, und denen, die nach Ihnen kommen, besser geht. Liebe ist Selbstlosigkeit, doch gerade in dieser Selbstlosigkeit erlangen wir die größten Schätze des Lebens und unsere größte Stärke. Dies ist die Botschaft aller großen Religionen. Sie hat sich durch Milliarden tatsächlicher Lebensexperimente über Generationen hinweg wissenschaftlich erwiesen.

Wir sind Wesen, die sich aller Dinge bewusst sind, denen wir jemals ausgesetzt waren. Wir sind lernende Wesen und imstande, Ideen und geistige Werte zu entwickeln. Wir sind mitfühlende Wesen, die in einer liebenden Umwelt am besten gedeihen. So und nicht anders sind wir geschaffen.

Die Evolution der Informationskomplexität, die mit den Elementarteilchen und den vier Kräften begann, ist bis zum menschlichen Gehirn fortgeschritten.

Mit dem menschlichen Gehirn entstand ein völlig neues Lebewesen mit einer riesigen Kapazität an Erinnerungs- und Lernfähigkeit, an Entscheidungs- und Willensfreiheit. Diese Kompetenzen brachten die Fähigkeit hervor, auf der Suche nach den geistigen Wahrheiten unseres Universums Ideen zu entwickeln und zu lernen, nach Regeln zu leben, die es den Menschen erlauben, stabile Familien, Gruppen, Stämme, Gemeinschaften und Gesellschaften zu bilden.

Die Regeln, die die Menschen erlernten, kamen in den Ideen und Werten der Religionen zum Ausdruck, die praktisch immer dieselben sind. Liebe, Integrität, Ehrlichkeit, Ehre, Achtung vor dem Leben, Achtung vor der Natur und eine altruistische Liebe zu Familienangehörigen und Freunden, zur Gerechtigkeit und zu den Mitmenschen sind gut. Menschen, die daran glauben und nach diesen Werten leben, gedeihen und genießen das Leben. Individuen oder Gesellschaften, die von diesen fundamentalen Werten beziehungsweise Wahrheiten abweichen, ist keine längere Blütezeit beschieden.

Alle großen Religionen und jede erfolgreiche Ethik gelangen zu der gleichen Schlussfolgerung. Das heißt, die Qualität des Lebens wird davon bestimmt, wie Sie mit anderen Menschen und dem Leben selbst umgehen. Wenn Sie anderen Mitgefühl, Freundlichkeit, Liebe und Vergebung entgegenbringen, erhält Ihr Leben eine wunderschöne Tiefe, die über die oberflächlichen Interessen des Ichs und des Stolzes und des alltäglichen Geplappers weit hinausgeht. Auf keine andere Weise erreichen Sie den Zusammenklang von Ruhe, Frieden und Verständnis, der es Ihnen gestattet, Dimension, Schönheit und Bedeutung der Schöpfung zu erfahren.

Schließen Sie sich dagegen vom Leben aus, indem Sie andere Menschen als Objekte behandeln, die Sie benutzen oder ignorieren können, haben Sie nur wenig Glück und Verständnis zu erwarten.

Diese Schlussfolgerungen sind nicht leichtfertig dahergeplappert. Es handelt sich vielmehr um harte, kalte Fakten, unter Beweis gestellt durch Milliarden individueller Lebensexperimente.

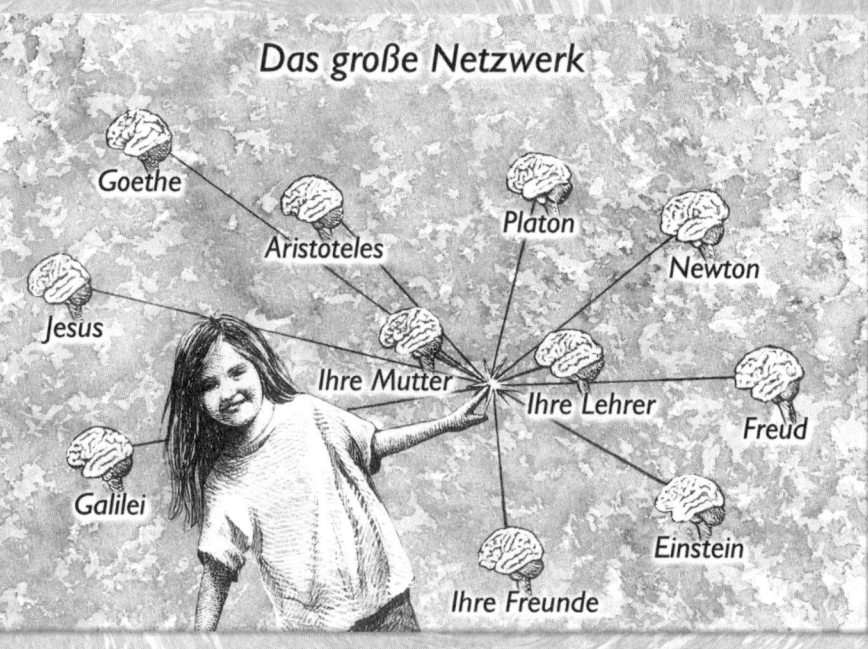

32

Das große Netzwerk

Goethe

Aristoteles

Platon

Newton

Jesus

Ihre Mutter

Ihre Lehrer

Freud

Galilei

Einstein

Ihre Freunde

Netzwerke

Im ersten Kapitel dieses Buches sprach ich von der ethischen Verwirrung, die in den letzten fünfzig Jahren aufgekommen ist. Größtenteils lässt sie sich auf eine einzige Frage zurückführen, die jedoch von höchster Bedeutung ist: Gibt es Gut und Böse, Richtig und Falsch, oder handelt es sich dabei bloß um relativistische Beurteilungen, die auf der Bildung und dem Erfahrungswissen des Menschen beruhen, der seine Entscheidungen trifft?

Wie wir gesehen haben, kann man die großen Religionen als separate Experimente auffassen, die alle zu dem Ergebnis gekommen sind, dass es so etwas wie Gut und Böse, eine richtige beziehungsweise falsche Art zu leben, tatsächlich gibt. Gelehrt werden die Regeln anhand von Beispielen, Parabeln und Mythen. Während sich diese Religionen ausbreiteten, wurden sie zur ethischen Autorität der großen Kulturen und Zivilisationen, die sich nach den von ihnen festgelegten Regelsammlungen entwickelten und gediehen.

In den letzten hundert Jahren hat es die Wissenschaft zu einem beeindruckenden Einfluss gebracht. Nach und nach hat sie die geheimnisvollen Regeln enthüllt, die die Funktionsweise der Bestandteile unseres Universums steuern. Sie hat die Erfindung all jener großartigen neuen Techniken und Medikamente ermöglicht, die unser Leben total revolutioniert haben. Damit ist sie für die meisten Menschen zur höchsten Autorität geworden, wenn es darum geht, Welt, Leben, Erde, die Milchstraße und das Universum zu erklären. Der Erfolg der Naturwissenschaften ist schier überwältigend. Wie käme man dazu, den Einfluss, die Wahrheit oder die Großartigkeit all dessen, was sie enthüllt hat, in Frage zu stellen?

Aber der Siegeszug der Naturwissenschaften hat auch dazu geführt, dass die Autorität der großen Religionen und ihrer ethischen Regelsätze – gelinde gesagt – untergraben wurde. Im Vergleich mit naturwissenschaftlichen Erklärungen haben religiöse Parabeln und Mythen oft das Nachsehen. Infolgedessen wurde das Fundament unserer religiösen Weltanschauungen erschüttert, sodass sich viele Menschen veranlasst sahen, die Authentizität der ethischen Regelsätze in Frage zu stellen, die von den Religionen über Generationen hinweg überliefert wurden.

Da wir aber lernfähig sind, haben wir im Laufe der letzten 10 000 Jahre gelernt zusammenzuleben. In den frühen Gesellschaften gab es brutale, selbstsüchtige Machtkämpfe, Kastensysteme, Sklaven, unzählige Opfer und praktisch ständig Kriege, denen ausschließlich Gier und Herrschaftsstreben der Mächtigsten zugrunde lagen.

Die Religionen haben ihr Bestes getan, damit wir uns auf Liebe, Mitgefühl, Integrität, Gerechtigkeit, Freiheit und die Majestät des Lebens konzentrieren. Wer würde bestreiten, dass es besser um die Welt bestellt wäre, wenn sich jeder Mensch an diese Weltanschauung hielte und nach diesen Regeln lebte. Praktisch alle gesellschaftlichen Probleme und Risiken, mit denen wir uns heute konfrontiert sehen, sind darauf zurückzuführen, dass Individuen, Gruppen oder ganze Nationen von diesen zehn Regeln und dem daraus resultierenden Weltbild abweichen.

Fast alle großen Religionen haben sich um einen bedeutenden Propheten herum gebildet, dessen Ideen institutionalisiert wurden, um sie einer großen Anzahl von Menschen wirkungsvoll vermitteln zu können. Die Grundideen bekam der Prophet meistens in einem mystischen Erlebnis, bei dem er das »Einssein des ganzen Lebens und der ganzen Schöpfung« verspürte. Alle Religionen mussten ein gewisses System hervorbringen, um die Regeln und das sich daraus ergebende Weltbild über Generationen hinweg weitergeben zu können. Es entstanden umfangreiche heilige Schriften, in denen die Regeln anhand von Beispielen erklärt wurden. Jede Religion hat ihr eigenes heiliges Buch mit Parabeln, die ihre Regeln vermitteln.

Die großen Weltreligionen haben ihre Gesetze und Weltbilder schon vor langer Zeit institutionalisiert. Alle haben ihre eigenen Vorstellungen von der Schöpfung, von Gott, davon, wie Gott die Regeln übermittelte, warum man nach diesen Regeln leben sollte, und von den Folgen, die es nach sich zieht, wenn man es nicht tut. Wie jede große Institution sind auch die Weltreligionen daran interessiert, ihren Bestand zu wahren, und einige erlebten Zeiten dogmatischer Unterdrückung von Un- oder Andersgläubigen, die zuweilen brutale Formen annahm. In diesen Zeiten verstanden nicht einmal mehr die eigenen Anhänger die Regeln, geschweige denn, dass sie sich daran hielten.

Die Geburt der naturwissenschaftlichen Methode war nicht leicht. Sie benötigte Zeit und wurde oft von dogmatischen religiösen Denkrichtungen unterdrückt, die befürchteten, die Naturwissenschaft könne ihre Lehren in Frage stellen. Ironischerweise wurden die geistigen Gesellschaften, die der Wissenschaft schließlich zum Sieg verhalfen, nur dadurch möglich, dass die großen Religionen den Menschen zivilisiert hatten. Die Wissenschaft, die einst von dogmatischen religiösen Überzeugungen unterdrückt wurde, floriert heutzutage aufgrund der Gesellschaften, die von jenen Religionen erschaffen wurden.

Jede große Religion hat ihre Schöpfungsgeschichte. Doch die Genesis, deren Herrlichkeit und Komplexität die Wissenschaft entschlüsselt, ist ebenso eindrucksvoll und großartig wie die Schöpfungsgeschichten, die uns von den Weltreligionen erzählt werden. Was die naturwissenschaftliche Version der Schöpfung allerdings nicht beantwortet, ist die Frage, wie und warum das alles geschah. Sie ersetzt nicht die Notwendigkeit eines Schöpfers oder einer Vitalkraft, mit dem oder der alles begann und von dem oder der es in Gang gehalten wird. Sie erklärt nicht, warum unser Universum ganz offensichtlich einem Plan folgt, der die Entwicklung verschiedener Ebenen von Informationskomplexität ermöglicht. Vor allem aber sagt sie nichts darüber aus, warum dieses elegante Design evolvierender Komplexität, das anscheinend die Antriebskraft hinter dem Funken des Lebens ist, überhaupt existiert.

Die Wissenschaft gibt keine Antwort auf die Frage, *warum* wir aus Sternenstaub bestehen, unsere Energie aus Sternenlicht beziehen, auf der Basis von Liebe und Lernen gedeihen, nach Herausforderungen und Abenteuern streben und Schönheit und Harmonie suchen. Die Wissenschaft hat lediglich die unglaubliche Eleganz der Schöpfung enthüllt und herausgefunden, dass sie so funktioniert, dass immer komplexere, auf Informationen beruhende Einheiten – bis hin zum Menschen – entstehen können.

Infolgedessen befinden wir uns heute, zu Beginn des 21. Jahrhunderts, in einer ziemlich gefährlichen Lage. Es gibt mindestens sieben große Religionen, die jeweils ein paar hundert oder gar tausende verschiedener Kirchen und Sekten aufweisen. So gibt es allein über 30 000 verschiedene christliche Glaubensrichtungen. Neben diesen großen Religionen existieren noch tausende kleinere Religionsgemeinschaften. Und über all dem schwebt die westliche Kultur, die eher dazu neigt, die Naturwissenschaften zu vergöttern, ihre Technik, ihre

Leistungen, den sich daraus ergebenden Fortschritt und letztlich die Macht, die sie ermöglicht. Wäre es für die Gegenwart nicht so bedrohlich und hinderlich für die Zukunft, könnte man fast darüber lachen.

Schauen wir, was daran so gefährlich ist. Denken wir bloß an Indien und Pakistan, Israel und Palästina, Nordirland, Bosnien, Irak, das World Trade Center. Das sind nur ein paar der Gegenden auf der Welt, in denen Menschen bereit sind, einander abzuschlachten, weil sie sich im Grunde darüber streiten, wessen Feiertag feierlicher oder wessen heilige Stätte heiliger ist. Traurig, aber wahr: die meisten der Probleme, mit denen wir es heutzutage auf der ganzen Welt zu tun haben, sind religiöser Natur. Die in diese Konflikte verwickelten Menschen sind allen Ernstes überzeugt, ihr Gott sei besser als der der anderen, was sie – bei Gott! – auch zu besseren Menschen mache. Dabei müsste doch jedem klar sein, dass Gott – wen oder was auch immer man darunter verstehen mag – uns *alle* erschaffen hat. Wir alle sind Bestandteil der Schöpfung.

Doch es gibt noch eine weitere Gefahr, die zwar nicht so deutlich zum Ausdruck kommt, aber möglicherweise sogar noch bedrohlicher ist als die aktuell grassierende religiöse Intoleranz. Diese Gefahr besteht ganz einfach darin, dass sich Religion und Naturwissenschaft für zwei verschiedene Dinge halten.

Im Grunde zerlegt die Wissenschaft alles in seine Bestandteile und analysiert, wie diese zusammenwirken. Und dann wird erklärt: »Heureka, wir haben die Farbkleckse gefunden – alles andere ist sinn- und bedeutungsloser Zufall.« Eine leichtgläubige Gemeinde betet nach: »Wir sind bloßer Zufall; Richtig und Falsch, Gut und Böse gibt es nicht, alles ist relativ. Jahrhundertealte Weisheiten sind sinnlose Mythologie, Traditionen bloß törichte Gewohnheiten. Die Liebe ist nichts als Chemie, jegliches Engagement bloß hinderlich. Nichts hat Sinn, also lasst uns Partys feiern, so lange wir können. Lasst uns das ganze Erdöl verbrennen, lasst uns die Regenwälder abholzen, kippen wir den Müll in die Weltmeere; lasst uns täglich ein paar hundert Tier- und Pflanzenarten ausrotten, lasst uns abfahren auf Drogen, Alkohol, Sex, Macht, Geld – auf alles, was uns glücklich macht. Scheiß drauf, es gibt nichts Heiliges. Es ist doch sowieso alles bloß Zufall, und keiner guckt zu. Regeln gibt es nicht.«

Die reduktionistisch gefärbten materialistischen Weltanschauungen, die von dem naturwissenschaftlichen Standpunkt, alles sei sinnlos und zufällig, genährt werden, berauben uns und unsere Kinder des Gespürs für das Sinnvolle, eines Gefühls von Ehrfurcht, des Sinns für das Heilige und eines Glaubens an Gut und Böse, Richtig und Falsch. Lebewesen werden nicht einmal zu Sachen reduziert, sondern zu sinnlosen Zufällen – und wie könnte man im Ernst den Zufall spirituell verehren? Wie sich vor Mitgefühl mit sinnlosen Fehlern verzehren? Alle anderen Lebewesen einschließlich unserer Mitmenschen werden zu bloßen Objekten, die sich nach Gutdünken manipulieren lassen.

Leider sind die Religionen zu schwach, um auf diesen Ansturm reduktionistischer Weltanschauungen zu reagieren, weil sich die Bürokratien, zu denen sie geworden sind, in unbeugsame Dogmen und Mythen verstrickt haben, die sie als heilig akzeptiert wissen wollen. Statt flexibel auf unsere neuen wissenschaftlichen Erkenntnisse einzugehen, wenden sich die ursprünglichen religiösen Bewegungen heute dem Fundamentalismus zu und werden dabei immer dogmatischer. Ein wissenschaftlicher Durchbruch folgt auf den anderen, und die Religionen reagieren bestenfalls schwerfällig. Zielstrebige junge Menschen sehen heute in der Wissenschaft den Sportwagen mit Turbolader und in der Religion die Postkutsche, die eine falsche Richtung eingeschlagen hat.

Das ist nicht nur falsch, sondern auch gefährlich. Die ethischen Codizes, das Herzstück der Religionen, haben sich zu einem genauen Verständnis der Regeln entwickelt, nach denen wir leben sollten. Die ethischen Codizes des Relativismus (beziehungsweise eher ihr Fehlen) sind dagegen Unsinn und stellen eine ganz reale Gefahr für unsere Zukunft dar.

Regeln gibt es. Es gibt sie für Quarks, Atome und Moleküle. Sie existieren für Galaxien, Sterne, Planeten, Zellen und Ökosysteme. Vor allem aber existieren sie für Menschen. Wissenschaft und Religion sind nicht voneinander zu trennen. Beide stellen eine Form der geistigen Suche nach den Regeln dar.

Die Frage, ob es uns gelingen kann, die einengenden intellektuellen Schulen und Weltanschauungen aus Vergangenheit und Gegenwart zu überwinden, ist die größte Herausforderung für die Menschheit und für unsere Zukunft.

Wir müssen einen Schritt zurücktreten und das gesamte Zusammenspiel von Energie und Information von den Quarks bis hin zum Bewusstsein und darüber hinaus betrachten. Wir müssen erkennen, dass das alles ein herrlich komplexes Ballett zunehmend komplexerer Energiebündel ist, die von zunehmend komplexeren Regelsätzen gesteuert werden, die festlegen, was die jeweils neuen Dinge tun und werden können. Es ist an der Zeit, dass wir das ganze Bild betrachten und unser gesamtes neues und altes Wissen zu einer Weltanschauung zusammenfügen, die diesem herrlichen Tanz auf Informationen beruhender Komplexität tatsächlich entspricht.

Aufgrund unserer Kommunikationsfähigkeiten verfügen wir über ein komplexes Netzwerk bewusster Köpfe, die in der Lage sind, gemeinsam zu lernen. Ideen, die in voneinander isolierten individuellen Gehirnen niemals Gelegenheit und Zeit gehabt hätten, sich zu entwickeln, profitieren heute von den Gedanken und Leistungen Milliarden anderer intelligenzbegabter Menschen. Unsere Erkenntnisse, Weltbilder, Ethiken und Theorien fußen alle auf den Erfahrungen und Lehren derer, die vor uns auf der Erde lebten, sowie auf den Gedanken unserer Zeitgenossen.

Heute können ganze Heerscharen hoch gebildeter Fachleute spezielle Probleme angehen und die besten Ideen und Theorien kreativ überprüfen. Informationen lassen sich im Nu um die ganze Welt verbreiten. Während sich unsere Messtechnik ständig verbessert, können auf jedem wissenschaftlichen Fachgebiet die besten Theorien weiterentwickelt, überprüft und verfeinert werden. Wir können uns praktisch auf jedes Problem konzentrieren (zum Mond fahren, einen Supercollider, ein Hubbleteleskop bauen, neue Medikamente entwickeln) und erzielen dabei in aller Regel einen bedeutenden Fortschritt.

Diese Evolution der Informationskomplexität in der physischen Welt hat also zu den Netzwerken von Neuronen geführt, aus denen das menschliche Gehirn besteht. Unser Gehirn wiederum brachte die komplexen Felder hervor, die möglicherweise unser Geist sind. Gehirn und Geist sind so beschaffen, das wir lernen konnten, in großen gesellschaftlichen Gruppen zusammenzuleben. Folglich hat sich die Informationskomplexität so entwickelt, dass Netzwerke von Neuronen menschliche Gehirne und Netzwerke von Geistern Gesellschaften erschaffen konnten.

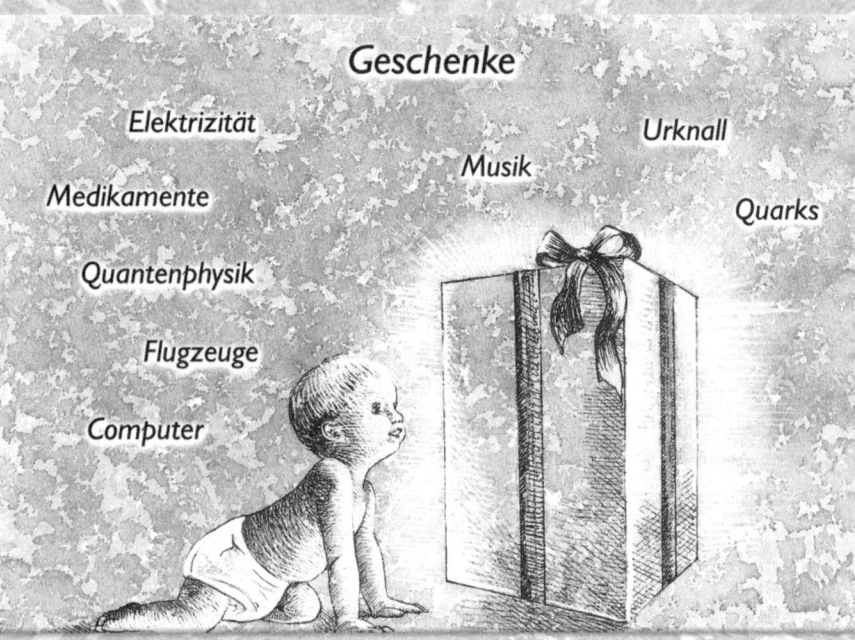

33

Geschenke

Elektrizität

Urknall

Musik

Medikamente

Quarks

Quantenphysik

Flugzeuge

Computer

Kinder im Süßwarengeschäft

Halten wir inne und fragen wir uns, warum das alles so ist, wie es ist. Warum haben wir die Fähigkeit, die wesentlichen Aspekte der physischen Welt modellhaft nachzubilden und zu verstehen? Warum ist die Sprache der Mathematik so gut geeignet, die einzelnen Teile unseres Universums darzustellen? Mit Sicherheit musste es nicht so sein.

Stellen wir uns nur einmal vor, Holz würde erst bei einer höheren Temperatur brennen, Metalle würden nur bei höheren Temperaturen schmelzen, der elektrische Strom würde mehr Energie oder einen Haufen andere kleine Details benötigen, die uns daran hindern könnten, wichtige Teile der Geheimnisse der Natur zu entschlüsseln. Vor allem aber: Warum ist die mathematische Darstellung der Grundtatsachen so simpel? Warum ist $E = mc^2$ eine so elegante, einfache Gleichung? Wir sind so gemacht, dass wir die Geheimnisse der Natur entdecken konnten, und gleichzeitig sind die Geheimnisse der Natur so beschaffen, dass sie sich von uns entdecken ließen. Aber warum sollte das eigentlich der Fall sein?

Es gibt keinen nahe liegenden Grund dafür, dass wir in der Lage sein sollten, so viel von unserem Universum darzustellen und zu verstehen. Wäre die Welt nur ein wenig zu schwierig, um sie mit Hilfe der Mathematik abbilden zu können, hätten wir vielleicht nicht einmal die ersten Schritte tun können, um die Grundlagen der Newton'schen Physik zu begreifen. Und ohne diese ersten Schritte wäre vielleicht gar nichts weiter geschehen.

Doch die Alltagswelt ließ sich fast schon lächerlich einfach durch lineare Differenzialgleichungen darstellen, und aus irgendeinem Grund verfügen wir über ein echtes Talent für diese Art der Darstellung. Unsere ersten winzigen Schritte auf dem Weg zur naturwissenschaftlichen Methode waren von

Erfolg gekrönt. Sie zogen weitere kleine Schritte in immer schnellerem Tempo nach sich, bis wir schließlich mit ständig zunehmender Geschwindigkeit geradezu dahinrasten und dabei immer mehr Geheimnisse der Schöpfung entschlüsselten.

Wäre es nicht so, wären wir nie zu Wesen geworden, die mit Plänen, Entwürfen und Informationen umzugehen verstehen, wie wir es tun. Elektrizität, Chemie, Kernkraft, Medizin, Architektur, Computer oder auch nur Verbrennungsmotoren würden wir nie beherrschen. Wir hätten die ganzen großartigen Techniken und Geräte, die es heutzutage gibt, nie konzipieren, entwerfen oder bauen können.

Im Grunde ist das alles fast schon *zu* simpel – als hätte es so und nicht anders geschehen müssen. In dem Moment, in dem wir gelernt hatten, eine Fähigkeit einzusetzen, hatten wir sie auch schon. Und wir haben überraschend schnell gelernt.

Wir sind wie Kinder in einem Süßwarengeschäft, konstruieren immer leistungsfähigere und elegantere Dinge, schnellere Computer, kleinere, effizientere Maschinen mit einer immer raffinierteren Software. Und kein Ende in Sicht. Heute verdoppelt sich die Kapazität von Computern etwa alle 18 Monate. Wir erschaffen Mikromaschinen, die beinahe schon auf Molekülebene mechanische Operationen ausführen können. Dank unserer überbordenden Phantasie können wir eine scheinbar endlose Vielfalt neuer Dinge entwerfen und erschaffen.

Und warum ist das nun alles so? Nun, ein Universum voller Wasserstoffwolken wäre zwar weitaus besser als ein unendlich leerer Raum, aber doch immer noch ziemlich langweilig. Genauso wäre eine Welt voll superbewusster Menschen, die zufrieden ihr Leben damit verbringen, Bananen und Weintrauben zu mampfen und den Sonnenuntergang zu betrachten, unendlich interessanter als ein Universum, in dem es nichts gibt als Wasserstoffwolken. Trotzdem würden Herausforderung und Zweck immer noch fehlen. Warum also sollten diese bewussten Wesen nicht anspruchsvolle Probleme erhalten – zusammen mit der Fähigkeit, sie zu lösen, mit der angeborenen Bereitschaft, sie lösen zu wollen, und einem wahren Lustgefühl, das sich einstellt, wenn sie die Lösung finden?

Wir kennen nur einen Entwurf, ein Ensemble physikalischer Gesetze und ein Universum, das sich daraus ergibt. Es ist ein phantastisch eleganter Entwurf, in dem elementare gebundene Energiezustände in Form von Quarks und Elektronen geschaffen wurden, um eine Evolution fortschreitend komplexer Einheiten zu ermöglichen, die mit der Fähigkeit ausgestattet sind, Träger immer größerer Informationsmengen zu sein. Die Evolution verlief von Wasserstoff- und Heliumwolken über die Entwicklung von Galaxien und Sternen bis hin zu Sternenstaub, Planeten, organischer Chemie, hin zu RNA/DNA, zu den Zellen, Organen, zu Körper und Geist – bis hin zum Menschen und den Dingen, die er erschafft.

Nun können Sie wieder sagen, das war alles Zufall, aber damit lassen Sie eine unbestreitbare Wahrheit außer Acht: Zufälle führen zu immer mehr Chaos und nicht zu einer zunehmenden Organisation von Informationen. Zufälle erzeugen Trümmerhaufen, keine elegante Evolution auf Informationen beruhender Komplexität. Alles, was uns die Wissenschaft offenbart, demonstriert anschaulich, dass der Natur eine Kraft innewohnt, die präzise entworfene, auf Informationen beruhende Einheiten erschafft, die wiederum dazu dienen, noch komplexere, auf Informationen beruhende Einheiten zu erschaffen. Das war kein Zufall. Es ist vielmehr ein zweckgerichteter Plan, und wenn wir allen wissenschaftlichen Beweisen, die uns vorliegen, folgen, bestand der ganze Zweck darin, bewusste, kreative, phantasievolle Hirne zu erschaffen, die fähig sind, Informationen zu verstehen und zu verarbeiten, damit sie noch komplexere, neue Dinge erschaffen können.

Die Eleganz ist atemberaubend. Gebundene Energie (was auch immer das sein mag, vielleicht der Leib Gottes) in ein paar einfachen Zuständen, mit ein paar simplen Wechselwirkungen, die einen großartigen Tanz von Atomen ermöglichen und in Gang halten. Dieser Tanz der Atome führt zu einem Ballett von Galaxien, Licht, Elektrizität, Kernfusion, Sternen, kosmischem Staub, Leben, Lust, Kummer, Liebe, Hass, Gut, Böse, Lernen und Begreifen, Phantasie und Kreativität, ein Ballett von auf Informationen beruhenden Gestaltungen. Das sind keine Zufälle, die sich durch die Unendlichkeit von Zeit und Raum erklären ließen. Es sind vielmehr elegante Umsetzungen eines wunderschönen Entwurfs, der sich auf die Erschaffung von Bewusstsein konzentriert sowie darauf, diesem Bewusstsein eine anspruchsvolle Umwelt zu verschaffen, in dem es lernen, sich entfalten, wachsen, Leistungen erbringen und sich dieser Leistungen erfreuen kann.

Wir sind aus Sternenstaub, beziehen unsere Energie aus Sternenlicht, gedeihen aufgrund von Liebe und Lernen, streben nach Herausforderungen und Abenteuern und freuen uns über unsere Leistungen. Gar nicht so schlecht für einen Haufen Quarks und Elektronen! Das ganze Universum ist entworfen worden, damit sich Informationen entwickeln konnten, aus denen sich ein dermaßen herrliches denkendes Lebewesen ergab wie der Mensch.

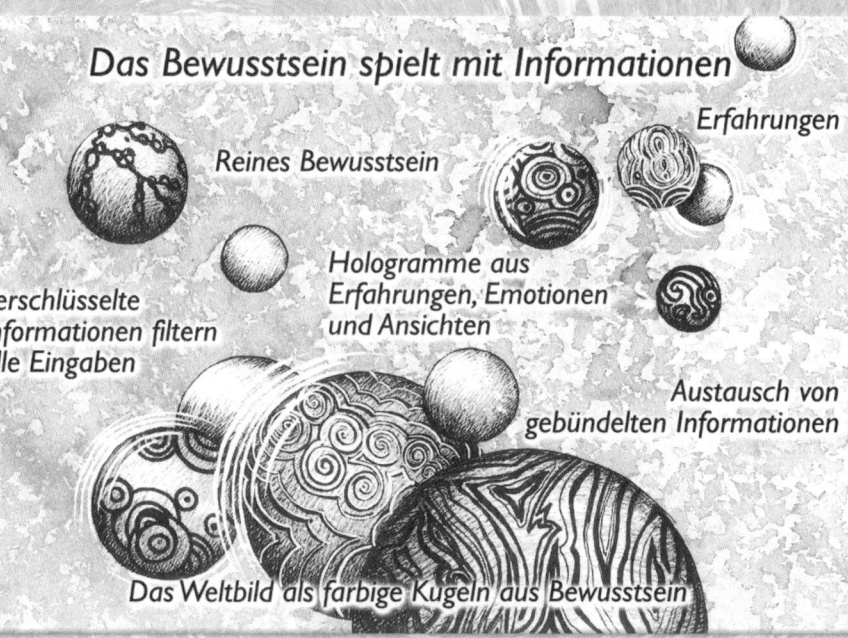

34

Das Bewusstsein spielt mit Informationen

Erfahrungen

Reines Bewusstsein

Verschlüsselte
Informationen filtern
alle Eingaben

Hologramme aus
Erfahrungen, Emotionen
und Ansichten

Austausch von
gebündelten Informationen

Das Weltbild als farbige Kugeln aus Bewusstsein

Auch mein kleines Licht
spielt Pingpong

Als Jenny Teenager war, sprachen wir auch über das Bewusstsein, die Dinge, die es tut, und die Regeln, nach denen es spielt. Um uns die Diskussionen zu vereinfachen, entwickelten wir wieder ein Modell, mit dessen Hilfe wir uns das alles besser vorstellen konnten. Dann entdeckten wir zu unserer Überraschung, dass uns dieses Modell zu einigen der Vergleiche zurückführte, die wir verwendet hatten, um die Evolution der Komplexität in der materiellen Welt zu veranschaulichen. Darum wollen wir uns nun auf den folgenden Seiten mit unserem visuellen Modell des Bewusstseins befassen.

Wie bereits angedeutet, können wir uns das menschliche Gehirn als eine Konstruktion aus murmelgroßen Teilchen vorstellen, die alle in einem phantastisch komplexen Muster miteinander vernetzt sind, das in diesem Maßstab ein Volumen füllt, das doppelt so groß ist wie unser Sonnensystem. Viel brachte uns dieses Modell eines Sonnensystems voller Murmeln allerdings auch nicht weiter.

Wie in einem der vorhergehenden Kapitel schon gesagt, kann man sich den Geist als ein dreidimensionales Hologramm vorstellen, hervorgebracht von der komplexen elektrischen Feldstruktur des Gehirns. All Ihre Erinnerungen, Emotionen, Gedanken und Ihr gesamtes Weltbild sind auf magische Weise in diesem lebendigen Hologramm verwoben und darin eingebettet. Es fiel uns jedoch auch nicht eben leicht, uns dreidimensionale Hologramme aus Erinnerungen, Gedanken und Emotionen bildlich vorzustellen. Also entschieden Jenny und ich uns für ein einfacheres, wenn auch weniger präzises Modell.

Wir verglichen das Bewusstsein eines Neugeborenen mit einer baseballgroßen Kugel aus purem Licht. Alle Erfahrungen, Gedanken und Emotionen sind wie kleine farbige Plastikteilchen, die an der Oberfläche der Lichtkugel kleben. Wenn wir durchs Leben gehen, wird diese bunte Kugel mit jeder einzelnen Erfahrung größer. Wir stellten uns vor, sie würde jedes Jahr um ungefähr zweieinhalb Zentimeter wachsen. Die Kugel eines zehnjährigen Kindes hätte also einen Durchmesser von etwa sechzig Zentimetern, die Kugel eines dreißigjährigen Menschen wäre etwa einen Meter fünfzig und die eines Sechzigjährigen etwa drei Meter groß.

Ferner nahmen wir an, dass jedes kleine Plastikstückchen eine farbige Codierung der Erfahrung sei, für die es steht. Verschiedene Farbtöne des Spektrums stehen für unterschiedliche Gedanken, Erfahrungen und Emotionen.

Unser Modell der immer größer werdenden bunten Lichtkugel ist übrigens von der Vorstellung des Bewusstseins als dreidimensionales Hologramm gar nicht so weit entfernt. Wenn es Ihnen lieber ist, können Sie es sich also auch so vorstellen.

Während wir unsere Lebenserfahrungen machen, wächst die bunte Kugel unseres Bewusstseins. Sie dient als Filter für das Licht, das ins Bewusstsein eindringt oder es verlässt.

Diese filternde Wirkung der Kugel auf alle hereinkommenden Informationen steuert die Art und Weise, wie der Mensch die Welt wahrnimmt. Wir können uns also vorstellen, dass diese Kugel sowohl das momentane Selbstverständnis als auch das Weltbild des betreffenden Bewusstseins erschafft. Darin eingebettet sind alle Erinnerungen, Gedanken, Emotionen, Ansichten, Träume, Ängste und Leidenschaften dieses Menschen. Da alles Licht, das aus dieser Bewusstseinskugel herausströmt, durch diese bunte Schale gefiltert wird, kann ein Außenstehender dieses bestimmte Bewusstsein an seinem Muster erkennen.

Wenn ein Kind heranwächst, bekommt es allmählich mit, in welchem Maße es von seinen Eltern geliebt wird, wie viel oder wie wenig Spaß es mit seinen Geschwistern hat, auf welche Liebe oder welchen Schmerz es sich einrichten kann und was man von ihm erwartet. Dabei nimmt seine Kugel ein Muster aus Farbe und Licht an. Das Kind erfährt, wer es ist, was für Fähigkeiten und Talente es hat, wen es liebt, was es mag und was nicht. Sein Bild von der Welt, die es durch diese farbige Kugel sieht, beeinflusst seine Entscheidungen. Diese Entscheidungen bestätigen in der Regel sein Weltbild und verstärken damit auch das einzigartige Farbmuster seiner Lichtkugel. Im Grunde legt der Filter, den Außenwelt und Individuum gemeinsam um das Bewusstsein herumbilden, die Regeln fest, die darüber befinden, wie es sich verhalten, wie glücklich, kompetent, selbstbewusst, ängstlich, aggressiv, mitfühlend oder liebevoll es sein wird.

Jedes Bewusstsein hat eine eigene Identität, welche in Kombination mit seinen angeborenen Fähigkeiten, Veranlagungen und Talenten die Gesamtsumme seiner Erfahrungen darstellt. Das sich ergebende Ego besteht aus allen möglichen komplexen Identitäten. Ein Mensch kann sich zum Beispiel dafür entscheiden, Presbyterianer, Texaner, Softwaretechniker, Kind, Partner, Schüler, ein sehr guter Tänzer, etwas schüchtern und was sonst noch alles zu sein. Während dieser Filter im Laufe der Zeit immer massiver wird, vestärken sich sozusagen die Regeln, von denen er gesteuert wird, und im Hinblick auf seine Weltsicht wird der Mensch zunehmend unflexibel.

Anders ausgedrückt: Während Sie neue Erfahrungen machen, also weitere farbige Plastikteilchen hinzufügen, nimmt der Umfang Ihrer Kugel zu. Der Einfluss, den das einzelne Teilchen auf das gesamte Farbmuster hat, von dem Ihre Lichtkugel umgeben wird, wird jedoch immer geringer.

Nun gehen wir noch einen Schritt weiter. Nehmen wir einmal an, wir hätten eine Spezialbrille, mit der wir andere Menschen in Gestalt ihrer bunten Lichtkugel sehen könnten. Statt einander also als Hautsäcke voller Protoplasma zu betrachten, die alt oder jung, männlich oder weiblich, attraktiv oder unattraktiv sein können, nehmen wir nur diese Kugeln wahr.

In der Interaktion mit den anderen Kugeln erkennen wir, dass die Helligkeitsstärke ein Maß für das Mitgefühl ist. Bei den hellsten Kugeln handelt es sich also um die offensten, warmherzigsten, liebevollsten Menschen.

Ebenfalls finden wir heraus, dass es sich bei Kugeln mit auffallend vielen Grautönen um kaputte, verletzte Menschen handelt, in deren Weltbild Angst und Sorge vorherrschen. Wir stellen fest, dass die Kugeln mit großen Abschnitten von Grüntönen für eher glückliche, selbstbewusste Menschen stehen. Die Kugeln mit sehr viel Rot sind hingegen zornige, aggressive, ja sogar gewalttätige Menschen. Große Flächen von Blautönen scheinen künstlerische Begabung zu repräsentieren. In der Interaktion mit den verschiedenen Kugeln lernen wir, das gesamte Farbspektrum mit Talenten, Emotionen und Anschauungen gleichzusetzen und insgesamt verschiedene Farbmuster als verschiedene Weltbilder zu identifizieren. Wir lernen auch den wahren Wert eines Menschen anhand der Helligkeit und des Farbmusters seiner Kugel, also seines Bewusstseins, zu beurteilen, unabhängig davon, wie attraktiv seine physische Verpackung sein mag.

In dieser Sicht der Wirklichkeit interagieren wir mit denselben Menschen wie bisher, doch statt ihren physischen Körper zu sehen, nehmen wir ihr Weltbild, ihr Ego, ihr Selbstgefühl und die Stärke ihres Mitfühlens wahr. Das mag sich ziemlich phantastisch anhören, doch diese Dinge sind genauso real wie Hände und Beine, Gesichter und Haare, die Dinge also, die wir tatsächlich »sehen« können.

Ob Ihnen der Vergleich mit der Lichtkugel nun gefällt oder nicht – dass ein Körnchen Wahrheit daran ist, wenn man Bewusstsein, Weltanschauungen und Mitgefühl auf diese Weise betrachtet, müssen Sie wohl zugeben. Wenn ein Baby zur Welt kommt, entsteht ohne jeden Zweifel ein neues Bündel von Bewusstsein. Ob Sie es nun mit einer Lichtkugel vergleichen möchten oder nicht, mit jedem neuen Bewusstseinsbündel taucht im Universum etwas ganz real Neues auf. Genauso offenkundig entsteht der Filter unserer Weltsicht aus Schichten über Schichten von Erfahrungen und Gefühlen, die das Bewusstsein auf eine Weise absorbiert und interpretiert, die der hier beschriebenen sehr nahe kommt.

Nur weil Sie Bewusstsein, Filter oder Mitgefühl nicht sehen können, heißt das doch nicht, dass sie nicht existieren. Man kann im Grunde sogar sagen, dass all das viel realer ist als alles, was wir mit den Augen wahrnehmen. So etwas wie die Farbe Blau gibt es zum Beispiel gar nicht. Sie ist bloß eine Lichtfrequenz, die unser Gehirn als etwas entschlüsselt, das wir als Blau wahrnehmen. Eigentlich existiert die Farbe Blau, die wir »sehen«, nur im Geist, nicht aber in der wirklichen Welt.

Wenn wir dafür gemacht wären, irgendeine andere Frequenz des elektromagnetischen Spektrums empfangen zu können, sähe die Welt für uns ganz anders aus. Was wäre zum Beispiel, wenn wir im Infrarotspektrum oder in einem der Radarbänder »sähen« oder wenn unsere Augen Röntgenstrahlungsfrequenzen empfangen könnten? Heute konstruieren wir Menschen Sensoren, die in all diesen Bereichen und noch vielen anderen »sehen« – einige können durch Wände, andere durch Wasser, wieder andere durch die Erdoberfläche und manche ins Körperinnere schauen. Wie wir die Schöpfung wahrnehmen, hängt offensichtlich von unseren Sinnen ab.

Folglich ist das Bewusstsein, ungeachtet der Tatsache, dass wir es nicht sehen können, mindestens ebenso real wie alles, das wir tatsächlich sehen. Ja, in gewisser Hinsicht ist es sogar realer, weil es der einzige Aspekt der gesamten Schöpfung ist, den wir direkt erfahren. Man bringe einfach zwei Fremde zusammen und lasse sie sich fünf Minuten lang ernsthaft miteinander unterhalten, und im Anschluss haben beide eine ganz dezidierte Meinung über das Weltbild und die Intensität des Mitgefühls des anderen. Die Lebenserfahrung konditioniert uns darauf, diese Dinge in den Menschen, denen wir begegnen, zu »sehen«. Natürlich sind nicht alle diese schnellen Urteile zutreffend. Mit ihrer Hilfe bestimmen wir aber, wie wir mit der uns ja noch unbekannten Lichtkugel interagieren.

Wir können belogen und in die Irre geführt werden, und können eine Kugel nicht identifizieren, wenn wir nie zuvor einer ähnlichen begegnet sind. Doch aufgrund einer ehrlichen Unterhaltung auf vertrautem Terrain können wir ohne weiteres die bunte Kugel des anderen Menschen »sehen« und entsprechend auf ihn zugehen. Die Interaktionen unserer beiden Weltbilder bilden die neue Regelbasis für künftige Interaktionen unserer beiden Kugeln.

Setzen wir also unsere Zauberbrille auf, und wir sehen das Bewusstsein der Menschen als bunte Lichtkugeln. Wir sehen aber auch kleinere, weniger farbige Kugeln. Das sind die verschiedenen Tierarten. Hundekugeln haben alle etwa die gleiche Größe und ganz ähnliche Farbmuster; die meisten sind sehr hell, die mit besonders viel Rot aber wahrscheinlich bissig. Auch alle anderen Arten werden durch farbige Kugeln repräsentiert, die von bestimmter Größe sind und über ähnliche Farbmuster verfügen. Diese Lichtkugeln sind erheblich kleiner und weniger bunt als die menschlichen. Doch es ist schon eine ziemliche Überraschung, wenn wir zum ersten Mal einer Wal- oder Delphinkugel begegnen und feststellen, dass diese fast so groß und vielfarbig ist wie unsere eigene.

Wir schauen uns auf der Welt um und nehmen eine ungeheure Vielfalt dieser bunten Kugeln wahr – von den ganz winzigen, sandkörnchengroßen Kugeln der Insekten bis hin zu den allergrößten Kugeln, die den intelligentesten Menschen angehören. Die ganze Welt wird von diesen in vielen Größen vorkommenden vielfarbigen Kugeln buchstäblich erleuchtet.

Natürlich sind unsere bunten Lichtkugeln bloß eine Metapher für die Tatsache, dass all das – Bewusstsein, Weltsicht und Mitgefühl – irgendwie aus der Komplexität der von unseren Gehirnen erschaffenen Informationsmuster hervorgegangen ist. Doch wir wollen den Vergleich mit der Lichtkugel noch ein wenig vertiefen.

Alle großen Propheten und die meisten Mystiker behaupten, durch intensive Meditation könnten sie aufhören, die Welt durch den Filter ihrer Weltsicht, ihr Ego, ihr Selbstgefühl zu betrachten. Auf dieser Ebene der Selbstlosigkeit berichten alle von ähnlichen Erlebnissen eines euphorischen Einsseins mit der ganzen Natur, mit der gesamten Schöpfung. Manche erzählen von einer direkten Verbindung und Gemeinschaft mit Gott. Sie gehen aus diesen Erfahrungen anscheinend mit einer geläuterten Weltsicht hervor, die viel mitfühlender gegenüber dem Menschlichen und allem Leben ist. Einige berichten von einem Gefühl der Verschmelzung ihres Bewusstseins mit einem anderen, umfassenderen Bewusstsein.

Auf unseren einfachen Vergleich mit der Lichtkugel übertragen, heißt das: Wenn es durch Meditation, Gebet oder einfach durch Willenskraft möglich wäre, die Schöpfung zu betrachten, ohne durch diese bunte Kugel sehen zu müssen, könnten wir die Welt, das Leben und das Bewusstsein vielleicht anders wahrnehmen. Vielleicht würden wir dann irgendeine einfachere Ebene der Verbindung mit dem erreichen, was das Bewusstsein ist und wie es sich in die Schöpfung einfügt. Und genau das versuchen uns die Mystiker seit 4000 Jahren zu erklären.

Ungeachtet unseres ganzen Zynismus zu Beginn des 21. Jahrhunderts gibt es in unserem Verständnis von Wissenschaft nichts, was die Möglichkeit ausschließt, dass die Mystiker Recht haben könnten.

Nun zum Weltbild. Dieses Buch geht davon aus, dass Weltbilder sehr real und bedeutsam sind und dass sie definieren, wie ein Mensch die Welt sieht, unabhängig davon, ob man sie sich als bunte Kugeln vorstellt oder nicht. Betrachten wir noch einmal die bunte Kugel, die sich im Laufe der Zeit um unser Bewusstsein herum bildet. Die Gedanken, aus denen sie besteht, werden durch unsere Erfahrungen, unsere Bildung und besonders durch unsere Interaktionen mit anderen Kugeln kontinuierlich verstärkt.

Weltbilder sind notwendig. Sie bilden die Regelsätze, nach denen das Bewusstsein mit der Schöpfung interagiert. Sie können auch ein Hindernis darstellen, denn in der Regel wird jeder das, was er erwartet hat, erreichen, und auch seine Welt wird so, wie er sie sich zusammenreimt. Im Grunde erschaffen der Geist und sein Weltbild die Wirklichkeit.

Betrachten wir schließlich den letzten Teil unseres Vergleichs mit der Lichtkugel: Helligkeit als Mitgefühl. Denken

Sie an Ihre Freunde, Angehörigen, an sich selbst. Wie hell sind alle diese Kugeln? Ihre größte Herausforderung und das Wichtigste, das Sie in Ihrem Leben je zustande bringen können, besteht darin, alles zu tun, damit diese Kugeln heller werden. Jedes Mal, wenn Sie sich mit einer von diesen Kugeln auf mitfühlende und liebevolle Weise zusammentun, werden Ihre Kugel und die des anderen Menschen ein wenig heller.

Versuchen Sie einmal, Ihre Freunde und Ihre Lieben als bunte Kugeln zu betrachten, und fragen Sie sich dann, was Sie dazu beitragen können, dass sie heller leuchten. Was können Sie tun, um die Grau- und Rottöne durch Grün und Blau zu ersetzen? Nur so können Sie auch Ihre eigene Kugel heller gestalten.

Die Vermittlung dieser tiefgründigen kleinen Wahrheit war natürlich einer der Gründe, warum ich mich mit Jenny auf das Spiel mit den Lichtkugeln überhaupt einließ.

Aber Jenny ging bei unserem Vergleich noch einen Schritt weiter und wurde wieder einmal zu *meiner* Lehrerin. Der neue Vergleich, den sie anstellte, verknüpfte das Wunder des Bewusstseins mit dem Wunder der Elementarteilchen.

Erinnern Sie sich, dass wir Elektronen und Quarks als einfache kleine Energiekugeln dargestellt haben, die von Kraftfeldern umgeben sind. Wir wissen zwar nicht so genau, was Energie ist, stellen uns die Elementarteilchen aber trotzdem als kleine Kugeln aus diesem Zauberstoff vor. Wir wissen auch nicht, was Kraftfelder sind, doch wir stellen sie uns als eine unsichtbare Kugel um diese Energieteilchen herum vor, die die Regelsätze definiert, welche steuern, wie diese Energieteilchen zusammenwirken, wie sie ihr Spiel spielen.

Diese kleinen Energiekugeln spielen mit noch kleineren Energiebündeln Fangen oder Pingpong. Ihre Interaktionen werden von den Regelsätzen der Kraftfelder gesteuert, die die Energiekugeln umgeben. Wenn eine Energiekugel ein eindringendes Bündel fängt, das die Regeln des umgebenden Kraftfelds passiert hat, absorbiert sie dieses Energiepäckchen und springt auf eine neue Energieebene.

Jennys Vergleich besagt, dass wir uns das Bewusstsein praktisch auf die gleiche Weise vorstellen können. Das Bewusstsein ist demnach eine Kugel aus Licht (oder sonst was), die von einem Kraftfeld umgeben ist, das in unserem Vergleich durch eine bunte Plastikkugel dargestellt wird. Dieses Kraftfeld – die Kugel – ist das Weltbild, das praktisch den Regelsatz erschafft, der wiederum steuert, wie das betreffende Bewusstsein mit der Welt und insbesondere mit anderen Bewusstseinskugeln interagiert. Die bunte Kugel, die unser Bewusstsein umgibt, entspricht also den Kraftfeldern, von denen die Teilchen umgeben sind.

Nun können Sie berechtigterweise fragen, was diese Bewusstseinskugeln eigentlich untereinander austauschen, womit sie Fangen oder Pingpong spielen. Denken Sie ruhig eine Weile darüber nach. Legen Sie das Buch aus der Hand und überlegen Sie, womit diese Bewusstseinskugeln wohl Fangen spielen könnten.

Die Antwort lautet: mit Informationsbündeln. Bewusstseinskugeln spielen mit Informationsbündeln Fangen, genau wie unsere Elementarteilchen-Energiekugeln mit kleineren Energiebündeln Fangen spielen. Und genau wie unsere Elementarteilchen absorbieren auch die Bewusstseinskugeln ein Informationsbündel, wenn sie es fangen. Nimmt die Bewusstseinskugel Informationen auf, wird sie größer. Dabei verändert sich ihr Weltbild und damit der Regelsatz, dem es unterliegt. Wenn sie die emotionalen Anhänger, die mit jedem empfangenen Informationsbündel verbunden sind, absorbiert, wird sie in dem Maße heller, in dem sie Liebe und Mitgefühl empfängt, und dunkler, je mehr Gleichgültigkeit, Zorn und Hass sie aufnimmt.

Weltbilder verhalten sich also genau wie Kraftfelder – sie setzen einen Regelsatz um unsere Bewusstseinskugel in Kraft, einen Regelsatz, der die Informationen und Emotionen, die jedes Bewusstsein aussendet und empfängt, filtert und steuert.

Nun hat freilich unser Bewusstsein im Unterschied zu den elementaren Energiebündeln ein Gedächtnis. Dieses Gedächtnis wirkt sich auf die Interaktionen wie folgt aus: Wenn das Bewusstsein ein Informationsbündel aussendet, gehen ihm keine Informationen verloren (so wie Teilchen Energie verlieren, wenn sie ein Energiebündel übertragen). Mithin können unsere Bewusstseinskugeln immer größer werden, wenn sie mehr Information absorbieren, und immer heller, wenn sie Liebe empfangen.

Wie groß diese Kugeln werden können, vermögen wir noch nicht zu sagen. Und wie hell sie werden können, wenn sie Liebe absorbieren? Die meisten Menschen sind sicher weit von der höchstmöglichen Wattzahl entfernt – Propheten, Heilige und ganz wenige besonders »gute« Menschen erreichen sie vielleicht.

Führen wir Jennys Vergleich noch einen Schritt weiter: Genau wie sich unsere Energiekugeln zu Atomen, Molekülen und einem ganzen Universum voller Dinge aus Molekülen verbinden, so gehen auch unsere Bewusstseinskugeln Verbindungen ein. Verbundene Bewusstseinskugeln bilden alle möglichen neuen, komplexeren Dinge – Freundschaften, Ehepaare, Familien, Gemeinschaften, Schulen des Denkens und andere geistige Netzwerke der einen oder anderen Art. Diese verbundenen Netzwerke ermöglichen Lernen in einem so großem Maßstab, wie wir ihn in den letzten hundert Jahren erfahren haben.

Damit hat sich der Kreis geschlossen. *Wir gingen aus von*: Elementarteilchen des physischen Universums, Elektronen und Quarks, Energiekugeln, die Fangen spielen mit kleineren Energiebündeln, welche von den Regelsätzen der umgebenden Kraftfelder gesteuert werden. All diese physikalischen Bausteine sind genau so designt, dass sie sich miteinander verbinden können, um die unglaubliche Vielfalt von Informationsmustern hervorzubringen, aus denen unser materielles Universum besteht.

Schließlich gelangten wir zu: Elementarteilchen des ideellen beziehungsweise geistigen Universums, Bewusstsein, Informationskugeln, die Fangen spielen mit kleinern Informationsbündeln, die von den Regelsätzen des umgebenden Weltbilds gesteuert werden. All diese bewussten Bausteine, diese Kugeln, sind genau so designt, dass sie sich miteinander verbinden können, um die unglaubliche Vielfalt von Informationsmustern zu erzeugen, aus denen unser nicht-materielles, geistiges Universum besteht.

Das Spiel ist das gleiche, nur die Ebene der Informationskomplexität ist eine andere.

Was ist Energie? Wir wissen es immer noch nicht, glauben aber eine ganze Menge über die Regeln zu wissen, nach denen sie spielt. Und was ist Bewusstsein? Dito.

Energie und Information, die Kraft und die Herrlichkeit, sind so fein ineinander verwoben, dass sie all die unglaublichen Muster erzeugen können, die die Großartigkeit unseres materiellen Universums ausmachen. Und was noch unglaublicher ist: Sie sind ineinander verwoben, um Informationsmuster zu erschaffen, die morgens aufwachen, sich umschauen und staunen können.

Wenn Sie Jennys Vergleich betrachten und sich dieses ganze Schöpfungspanorama von Quarks und steuernden Kraftfeldern bis hin zum Bewusstsein und leitenden Weltbildern anschauen, erkennen Sie überall Informationsmuster, die unüberhörbar kundtun: »Das ist genau so beabsichtigt.«

Und wenn Sie die herrliche vollkommene Schönheit des Bewusstseins und seine absolute Notwendigkeit betrachten, der Schöpfung Sinn und Zweck zu verleihen, müssen Sie einfach zu der Schlussfolgerung gelangen: *Es ist auch verdammt gut so.*

35

Wofür entscheiden Sie sich?

Tür Nr. 1   Tür Nr. 2   Tür Nr. 3

Ein Entwurf   Derselbe Entwurf   Andere Entwürfe

Ein Universum   Viele Universen   Viele Universen

Ein einziger   Alle folgen   mit unterschied-
Regelsatz   unseren Regeln   lichen Regeln

Das Einmaleins des Kosmos

Wie die meisten Kinder ihres Alters war Jenny ein As in Videospielen. Seit sie fünf war, machte es ihr großen Spaß, mich dabei vernichtend zu schlagen. Ein Wettkampf war es eigentlich nicht. Normalerweise gelangte ich nämlich nie über das erste Level hinaus, das einfachste Spielfeld mit den simpelsten Regeln, bevor ich gnadenlos zermatscht oder gefressen wurde. Währenddessen schaffte sie ein Level nach dem anderen und kicherte dabei die ganze Zeit.

Jahre später, als Jenny auf dem College war, hielt sie ihren alten Herrn bei Laune, indem sie sich gelegentlich die Zeit nahm, sich mit mir über die Wunder der Schöpfung zu unterhalten. Sie nannte unsere Gespräche »Seminare über das Einmaleins des Kosmos«.

Bei einem dieser »Seminare« meinte Jenny einmal, das Universum sei im Grunde ganz ähnlich aufgebaut wie ein Videospiel – es gebe zunehmend komplexere Spielfelder, jedes habe zunehmend komplexere Regelsätze, und das Ziel bestehe immer darin, das nächste Level zu erreichen. Jenny hatte natürlich absolut Recht, nur hatte ich es noch nie so gesehen.

In den folgenden »Seminaren« hatten wir eine Menge Spaß dabei, ihren Vergleich mit dem Videospiel weiter auszuschmücken. Wir legten die Hauptlevels für unser »Schöpfungsspiel« fest. Das erste Level nannten wir Kosmos, sein Spielfeld ist der Raum, die Spieler sind Energie und Informationen, und das Ziel besteht darin, die Regeln so zu beherrschen, dass man komplexe, sich selbst replizierende Moleküle bildet und dann das nächste Level erreicht.

Das zweite Level des Spiels nannten wir Leben, das Spielfeld sind Ökosysteme, die Spieler Pflanzen und Tiere. Ziel ist es, zum nächsten Level weiterzukommen, indem man den Gipfel des Selbstbewusstseins im Ökosystem findet.

Das dritte Level bezeichneten wir als Bewusstsein, sein Spielfeld ist die Kombination aus Gehirn und Geist, die Spieler sind Ideen und Emotionen, und das Ziel lautet, geistige Netzwerke zu bilden, um die Wahrheit über die Regeln herauszufinden, die das ganze »Schöpfungsspiel« steuern.

Jenny und ich nahmen unseren Vergleich mit dem Videospiel dazu her, auf jedem Level verschiedene Stufen zu definieren, die man beherrschen muss, bevor man zur nächsten Komplexitätsstufe und schließlich zur nächsten Spielebene weiterkommen kann. Allerdings will ich Sie nicht mit den ganzen Stufen und Regeln langweilen. Schließlich haben Sie ja gerade ein Buch gelesen, das Sie durch den gesamten Verlauf geführt hat – von Quarks und Elektronen bis hin zu den Netzwerken des Geistes, der emsig die Regeln dechiffriert.

Mehr ist nicht dran am Einmaleins des Kosmos: Es gibt nur verschiedene Spielfelder (Raum, Leben und Bewusstsein) und die jeweiligen Spieler (Energie und Informationen, Pflanzen und Tiere, Ideen und Emotionen). Das Ziel besteht stets darin, auf jeder Stufe die jeweiligen Regeln so zu beherrschen, dass man zur nächsten Stufe übergehen kann. In den Fortgeschrittenenkursen können Sie dann noch lernen, wie Sie diese magischen Spielfelder und die ständig eifrig sich bemühenden Spieler erzeugen und vor allem, wie Sie diese fortgeschrittenen Regelschichten exakt in das Gewebe aus Raum und Zeit einarbeiten können. Doch mit dem Einmaleins haben Sie wenigstens schon einmal die Grundlagen.

Wenn das Ziel des Spiels darin besteht, zum nächsten Level zu gelangen (oder aber gnadenlos zermatscht zu werden), stellt sich natürlich die Frage, welches Level für uns das nächste sein wird. Bis jetzt haben wir von den Fakten gesprochen, die wir über die Spielfelder, die Spieler und Regeln herausgefunden haben, die uns dorthin gebracht haben, wo wir heute sind. Lassen Sie uns nun ein wenig spekulieren, was als Nächstes kommt.

Die meisten Menschen sind vom Fortschritt und den Möglichkeiten der Wissenschaft so beeindruckt, ja gar eingeschüchtert, dass sie der tiefen Überzeugung sind, was auch immer kommen mag, wir werden es der Wissenschaft zu verdanken haben. Ich könnte mir allerdings durchaus vorstellen, dass wir eben im Begriff sind, das Zeitalter der wahrhaft großen wissenschaftlichen Entdeckungen zu verlassen. Quarks und 59 weitere Bündel gebundener Energie, Relativität, Quantenmechanik, Milliarden von Galaxien, Schwarze Löcher, Evolution, DNA, Computer, Biochemie, Zellstruktur, Hirnstruktur, Neurotransmitter, Radar, Ladar, Sonar, die in Teilen bereits vorliegende Weltformel, Raumfahrt – ein wirklich großartiges Jahrhundert liegt hinter uns.

Man weiß zwar nie, was man nicht weiß. Doch es gibt gute Gründe für die Vermutung, das Zeitalter naturwissenschaftlicher Entdeckungen, die unser Weltbild in den Grundfesten erschüttern könnten, neige sich allmählich dem Ende zu. Denken wir nur an die Teilchenphysik. Sechzig verschiedene kleine Bündel gebundener Energie wurden im letzten Jahrhundert gefunden. Wir alle waren von den Leistungen fasziniert, verblüfft und überaus beeindruckt. Wie die kleinen Kinder haben wir mitverfolgt, wie uns die weisen Männer die Tricks des großen Zauberers erklärten. Nichtsdestotrotz ist das Zeitalter der Atomzertrümmerer möglicherweise bald vorbei. Was ist, wenn Quarks und Elektronen nun wirklich die elementaren Energiebündel sind und es nichts mehr zu entdecken gibt? Wenn die nächste Generation noch stärkerer

Zertrümmerer nichts Neues enthüllt? Wie würde sich das auf unser Weltbild auswirken?

Andererseits: Was wäre, wenn wir auch weiterhin Energiebündel zertrümmern und schließlich zu der Erkenntnis gelangen würden, dass die eigentlichen elementaren Bausteine eine Billion Mal kleiner sind als ein Elektron, vielleicht winzige Schleifen vibrierender Energie oder dergleichen?

Nun, an diesem Punkt, behaupte ich, würde es nicht mehr viel ausmachen. Physiker und Mathematiker werden wahrscheinlich in den nächsten Jahrhunderten versuchen, den allerelementarsten Legostein zu finden. Aber wir sind doch auch jetzt schon bereit einzuräumen, dass wir aus elementaren Energiebündeln bestehen, wenn wir auch nicht wissen, worum es sich dabei handelt oder wie sie entstanden sind. Ich bezweifle, dass die Versicherung, nun könne die Physik aber tatsächlich endgültig und definitiv die Größe der elementarsten Bausteine bestimmen, wie sie in ferner Zukunft vielleicht einmal abgegeben wird, an Wahrnehmung und Weltsicht unserer Urururenkel auch nur das Geringste ändern würde.

Tatsache ist doch, dass der eigentlich wunderbare Teil des Geheimnisses nicht in der Größe der Legosteine liegt oder darin, woraus sie bestehen. Das wahrhaft Großartige ist vielmehr darin zu sehen, dass sich diese winzigen Bausteine zu so wunderbaren Informationsmustern zusammenfügen konnten (und können), dass schließlich Bewusstsein, Intelligenz und Liebe möglich wurden.

Auch werden wir vielleicht nie einen tieferen Einblick ins Universum nehmen können, als es uns heute schon möglich ist. Aber selbst wenn es doch der Fall sein sollte, werden wir höchstwahrscheinlich nur immer mehr Galaxien sehen, die auch nicht anders sind als die hundert Milliarden, die wir bereits kennen. Wahrscheinlich werden wir nie in der Lage sein, die Größe unseres Universums zu vermessen oder die Frage zu beantworten, ob es endlich ist. Und wir werden auch nie erfahren, ob es noch andere Universen gibt oder nicht. Aber spielt das wirklich eine Rolle?

Dass wir über hundert Milliarden Galaxien entdeckt haben, hat *meine* Aufmerksamkeit jedenfalls bereits erregt. Ich bezweifle allen Ernstes, dass es eine wichtige, unser Weltbild erschütternde Entdeckung wäre, wenn wir eines Tages herausfänden, dass es in Wirklichkeit eine Billion Galaxien gibt oder gar unendliche viele.

Dass Galaxien überhaupt existieren, ist an sich toll, doch ohne Leben sind es bloß herumwirbelnde Wolken aus Gas und Gestein. Ohne Leben sind sie sinnlos, zwecklos, bloße Verschwendung von Zeit und Energie. Das bei weitem Interessanteste und Spektakulärste an Galaxien sind doch die Informationsmuster, die auf den dazugehörigen Planeten entstehen.

Dann gibt es natürlich noch die Anhänger des Multiversums, die der offenkundig zwingenden Schlussfolgerung aus dem Weg gehen wollen, dass das Universum so entworfen wurde, dass es Bewusstsein hervorbringt, indem sie behaupten, es gäbe unendlich viele Universen mit jeweils unterschiedlichen Regeln. Doch diese hypothetischen Universen werden wir nie finden, selbst wenn sie tatsächlich existieren – wie sollten sie dann also irgendwann in der Zukunft plötzlich unser Weltbild beeinflussen können?

Es gab auch ungeheure Fortschritte in der wissenschaftlichen Erkundung von Struktur, Chemie, Informationsfluss und Zusammensetzung des menschlichen Gehirns. Der Höhepunkt der Selbstvergewisserung des Bewusstseins, also der menschliche Geist, konnte bislang jedoch noch nicht ausfindig gemacht werden, und ich schätze, das wird auch so bleiben. Aber heutzutage sind wir doch alle längst bereit zu akzeptieren, dass unser Geist auf irgendeine Weise aus den Strukturen und Feldern hervorgeht, die sich aus den komplexen Mustern von drei Pfund sich ständig neu verdrahtender Neuronen ergeben. Künftige Entdeckungen im Hinblick auf die Funktionsweise des Gehirns werden sich demzufolge aller Wahrscheinlichkeit nach nur unerheblich auf unser kollektives Bewusstsein auswirken. Hoffentlich halten Sie mich nun nicht für irgend so einen alten Zausel, der die Party des großen naturwissenschaftlichen Fortschritts ein für alle Mal für beendet erklärt, denn das ist nicht die Botschaft dieses Buches.

Die letzten hundert Jahre haben unseren Blickwinkel auf das, was das Universum ist, wie alles funktioniert und wie wir auf dieses Level gelangt sind, enorm erweitert, daran kann gar kein Zweifel bestehen. Meine Botschaft lautet vielmehr: Das nächste Level des Spiels werden wir nicht aufgrund wissenschaftlicher Erkenntnisse erreichen können. Wir treten in ein völlig neues Zeitalter ein, in dem – trotz und gerade wegen des höheren Niveaus, das unsere naturwissenschaftlichen Fähigkeiten und Fertigkeiten erreicht haben – der gesamte Planet und alle Ausdrucksformen des Lebens in Gefahr sind. Damit wir das nächste Level unseres Spiels erreichen können, müssen wir uns etwas anderes einfallen lassen, und zwar schleunigst. Ich bin bei den Videospielen mit Jenny so oft zermatscht worden, dass ich darauf wirklich keine Lust mehr habe.

Die größte Gefahr, die uns droht, besteht meines Erachtens darin, dass wir uns von den beschränkenden Dogmen und der Arroganz unserer veralteten Weltbilder an die Vergangenheit fesseln und somit davon abhalten lassen, das nächste Level zu erreichen. Dem ungeheuren Zuwachs an Wissen haben wir es auf unserem aktuellen Level zu verdanken, dass wir das Spiel heute kontrollieren. Nun liegt es in unserer Hand, die Erde entweder in ein kleines Stück Himmel oder in eine Art Hölle zu verwandeln. Wo das alles endet, wird von einer bewussten Entscheidung abhängen – *unserer* bewussten Entscheidung. Und genau das hatte der Schöpfer wahrscheinlich auch im Sinn, als er (oder sie) das Ganze anzettelte.

Wir müssen sowohl unser neu gewonnenes naturwissenschaftliches Wissen als auch das Mitgefühl und die Weisheit der großen Religionen nutzen und damit ein neues Weltbild und mithin eine ganz neue Welt schmieden, eine Welt, die das Leben ehrt – jegliches Leben. Wenn uns das gelingt, erreichen wir das nächste Level des Spiels: einen friedlichen, zukunftsfähigen Planeten. Der Einsatz könnte nicht höher, die Herausforderung nicht anspruchsvoller, das Anliegen nicht edler sein. Entweder wir verändern uns und schaffen den Sprung auf das nächste Level, oder aber das Spiel ist aus. Zumindest auf der Erde.

36

Und die Zukunft?

Das Weltall

Oh! Wie? Warum?

Leben auf anderen
Planeten

Friede auf Erden

Galaxien

Mitgefühl

Energie

Große Suppe

Das Wesentliche

Superstring-Äther

Leben

Erkennen und staunen

Als Jenny noch ein Teenager war, malten wir uns gelegentlich aus, wie eine bestimmte historische Gestalt wohl die Welt gesehen haben mochte. Wie war ihre Kultur beschaffen, was wusste sie, wovor hatte sie Angst, welche Werte erkannte sie an? Ursprünglich sollte Jenny bei diesem Spiel lernen, sich in andere Menschen hineinzuversetzen. Doch wie üblich wurde etwas ganz anderes daraus. Nicht nur bei ihr, sondern auch bei mir entstand nämlich ein tieferes Verständnis für das zunehmende Tempo, in dem die Menschheit ihren Wissensschatz erweitert, und für die ungeheuren Sprünge, die dabei allein in den letzten hundert Jahren gemacht wurden. Unser Spielchen führte dazu, dass wir uns fragten, wohin uns der ganze Fortschritt wohl noch bringen mag. Wie sieht die Zukunft der Menschheit aus? Wo sind unsere Grenzen?

Also stellten wir uns drei junge Frauen vor: eine aus alten Zeiten, eine von heute und eine in der Zukunft. Was könnten diese Frauen wissen, fragten wir uns, und welches Weltbild vertreten sie wohl?

In einer sternenklaren Nacht vor rund 200 000 Jahren hielt morgens um zwei eine junge Mutter ihr Neugeborenes im Arm und stillte es. Voller Freude an der Schönheit des kleinen Gesichts richtete sie den Blick in den majestätischen Sommernachthimmel und konnte einfach nur staunen. In diesem Moment kamen zum ersten Mal in der Menschheitsgeschichte die grundlegenden Fragen auf, die auch die nachfolgenden 10 000 Generationen noch beschäftigen sollten: OH! WIE? Und WARUM?

Die junge Mutter sah dieselbe Sonne, denselben Mond und dieselben Sterne wie wir. Sie kannte den Wald und die Bäche, die Blumen und die Tiere. Sie lachte und weinte, sie war hungrig und arbeitete, sie spielte und liebte, sie lebte und starb. Ihr Weltbild beruhte auf den Informationen, die ihr zur Verfügung standen, und hatte sehr viel mit ihrem Herzen, mit der Erde und dem alltäglichen Überlebenskampf ihrer Familie zu tun.

Auf die Frage nach dem WIE und WARUM war sie die erste, die damit begann, Vermutungen über die Antworten anzustellen, über die Gründe und den Sinn. Sie fasste ihre Spekulationen zu Geschichten zusammen, die von einer Generation zur nächsten weitergegeben und an Milliarden von Lagerfeuern abgewandelt und ausgeschmückt wurden. Im Laufe der Zeit entwickelten sich aus diesen Geschichten Volkssagen und Überzeugungen, die die Grundlage für ganze Weltbilder bildete. Sie unterhielten, erfreuten, schüchterten ein, erzogen und beruhigten tausende von Generationen.

Rein zufällig stillte auch letzte Nacht wieder morgens um zwei eine junge Mutter ihr Baby. Sie befand sich an genau derselben Stelle wie ihre Urahnin und blickte in den Sommernachthimmel. Doch diese junge Frau hat in theoretischer Physik promoviert und im Nebenfach Astronomie, Biochemie, Neurologie, Elektrotechnik, Soziologie und Philosophie studiert. Wann sie wohl die Zeit hatte, ihr Baby zu bekommen? Jedenfalls weiß sie alles über Relativitätstheorie, Quantenmechanik, Kosmologie, Biologie, Hirnstruktur, die Funktionsweise von Zellen, Informatik, Evolution, Geschichte, Kultur und Ethik. Sie verfügt also über einen Großteil des gesamten Wissens, das uns aktuell zur Verfügung steht.

Aufgrund ihrer breit gefächerten Ausbildung ist sich die junge Frau der Tatsache bewusst, dass das Leben zugleich Puzzle und Geheimnis, dass der Mensch sowohl ein rationales als auch ein emotionales Lebewesen ist. Vielleicht mehr als irgendjemand vor ihr ist sie sich darüber im Klaren, dass wir als rationale Problemlöser gut gerüstet sind, uns mit dem Puzzle des Lebens zu befassen und zu erforschen, WIE Universum und Leben wohl funktionieren mögen. Doch als emotionale Lebewesen stehen wir auch staunend und ehrfürchtig vor der Majestät des Lebens und quittieren das Geheimnis und die Schönheit der Schöpfung mit einem aus tiefstem Herzen kommenden OH!

Da sie mit dem Weltbild des 20. Jahrhunderts ausgesprochen gut vertraut ist, weiß die junge Frau natürlich auch um die Fortschritte, die in den vergangenen 100 Jahren im Hinblick auf die Erforschung des Universums und seiner Phänomene gemacht wurden. Dass wir aber noch einen weiten Weg vor uns haben, weil unsere Erkenntnisse und Einsichten immer noch große Lücken aufweisen, ist ihr jedoch auch bewusst.

Die junge Frau, die da in einer milden Sommernacht ihr Baby stillt, ist vielleicht die Erste, die unsere Schöpfung in ihrer ganzen Schönheit und Ausgewogenheit erkennen kann und versteht, dass der Mensch nicht nur die Befähigung hat, das Rätsel des Lebens zu lösen, sondern dass er zugleich in der Lage ist, über das Mysterium der Schöpfung zu staunen und das Ganze einfach zu genießen. Sie drückt ihr Kind fester an sich und denkt: OH!, denn ihr wird bewusst, dass sie gerade beginnt, das WARUM zu begreifen.

Lassen Sie uns jetzt noch ein wenig über die Zukunft spekulieren.

Auch in 20 000 Jahren wird morgens um zwei eine junge Mutter ihr Baby im Arm halten und es stillen. Auch sie schaut versonnen in den Sommernachthimmel. Nehmen wir an, sie hätte in allen Fächern, die es zu ihrer Zeit geben wird, promoviert. Was könnte sie alles wissen?

Zum Beispiel, dass 12000 Jahre vor ihrer Zeit, um 10063, mit Hilfe eines Ultramega-Teilchenzertrümmerers herausgefunden wurde, dass sich die Grundschwingung in einem eine Milliarde Milliarden Mal kleineren Maßstab abspielt, als wir es uns heute, zu Beginn des 21. Jahrhunderts, vorstellen. Des Weiteren könnte als bestätigt gelten, dass die uns aktuell bekannten Elementarteilchen aus einer elfdimensionalen Verbindung dieser Energieschwingungen bestehen. Damit wäre der Grundbaustein der Materie gefunden: ein lächerlich kleines Bündel gebundener Energie, schwingend in einem elfdimensionalen Raum.

Möglicherweise ist unserer jungen Mutter auch bekannt, dass Energie und Felder mit Hilfe dieser schwingenden elfdimensionalen Stringstruktur im Raum übertragen werden, wie 11032 bewiesen worden sein könnte. Mit dieser Entdeckung würde die SUPERSTRING-ÄTHER-Theorie verifiziert sein. Mit dem elfdimensionalen Stringmodell ließe sich auch die Dualität von Materie als Welle und Teilchen erklären.

10000 Jahre vor ihrer Zeit, im Jahr 12371, könnte es einem Team um die Wissenschaftlerinnen Lawrence, Curlee und Moe gelungen sein, die vier Kräfte in einer einzigen mathematischen Darstellung zusammenzufassen. Damit hätte die lange Suche nach der Weltformel beziehungsweise der Großen Einheitlichen Theorie (GET) ein Ende gefunden. Da die GET verschiedene frühere Ansätze in sich vereinigen würde, könnte man sie als URGET-Theorie bezeichnen.

Zur Zeit unserer jungen Frau könnten auch gewisse schwerwiegende Mängel an der Urknalltheorie aufgedeckt worden sein. Seit ungefähr 14775 könnte ein umfassendes Modell des Universums vorliegen, das die lokalen Expansionen und Kontraktionen in einem praktisch kontinuierlichen, unendlichen Universum schlüssig zu erklären vermag. Das neue Modell könnte als URSUPPE-Theorie bezeichnet werden und alle Eigenschaften des Kosmos korrekt beschreiben.

Möglicherweise werden um 3678 auf verschiedenen Planeten unseres Sonnensystems primitive Lebensformen gefunden worden sein. Vielleicht kommunizieren die Erdbewohner seit 15833 mit intelligenten Lebensformen auf dem Planeten Tänzer J. In der Generation unserer künftigen jungen Mutter könnten 37 Planeten mit intelligentem Leben identifiziert worden sein, zu neun davon besteht sogar eine Möglichkeit der Kommunikation.

Nach zwei Atomkriegen wird der Nationalismus geächtet sein, seit 7452 besteht eine einheitliche Weltregierung.

Nach einem 7 000 Jahre währenden Bemühen, die Menschheit so zu erziehen, dass sie ethisch und sozial in Frieden zusammenlebt, gibt es seit 15304 praktisch keine Gewalt mehr.

Seit 13 000 Jahren lässt sich die Tatsache, dass Atome und Moleküle verschlüsselte Informationen enthalten, im Modell darstellen und vollständig begreifen. Damit wäre umfassend geklärt, auf welche Weise in chemischen Verbindungen und organischem Gewebe Informationen erzeugt, gespeichert und entwickelt werden. Infolgedessen wären Molekulartechniker vielleicht schon seit 11 000 Jahren in der Lage, hervorragende Materialien, Maschinen, Speicher und Computer auf molekularer Basis herzustellen.

Unsere Nachfahrin in der fernen Zukunft könnte wissen, dass sich aus dem Zusammenwirken der zu ihrer Zeit aktuellen Theorien (URGET, URSUPPE und SUPERSTRING-ÄTHER) ein einziges Ensemble physikalischer Gesetze ergibt, das im gesamten Universum Gültigkeit hat. In der ganzen unendlichen Ursuppe herrschen nur die Naturgesetze, Wechselwirkungen und Teilchen, die wir von der Erde kennen. Auf dem Planeten Tänzer J hat keiner ein Problem damit. Die Tänzer sind offenbar klüger als wir.

Der Frau der Zukunft könnte bewusst sein, dass die Naturgesetze aus irgendeinem noch immer unbekannten Grund so unglaublich fein aufeinander abgestimmt waren, dass die Evolution von Energie und Information ihren Lauf nehmen konnte. Vielleicht wird ja auch schon seit 17371 bewiesen sein, dass das gesamte herrliche Ballett aus Energie und Information, von dem das Universum erfüllt ist, auf die Entstehung von Leben, Bewusstsein und Intelligenz ausgerichtet war. Damit wäre dann auch die LEGO-LEBEN-Theorie bestätigt, die 20 000 Jahre zuvor zum ersten Mal aufgestellt wurde.

Mehr als es uns Heutigen je möglich sein wird, begreift der Mensch der Zukunft vielleicht die Schönheit, die in der Einheit von materieller Wirklichkeit und geistigem Bewusstsein liegt, die ganz und gar aus Energie und Information besteht.

Mehr als es uns je möglich sein wird, erkennen die Zeitgenossen unserer jungen Mutter ja vielleicht auch, wie phantastisch es im Grunde ist, dass das menschliche Individuum sowohl über emotionale als auch über rationale Fähigkeiten verfügt, und begreifen in aller Deutlichkeit, dass sich Vernunft und Lust, Kummer und Liebe zu einem ganz eigenen Ballett von höchster Güte zusammenfinden.

SUPERSTRING-ÄTHER-, URGET-, URSUPPE- und LEGO-LEBEN-Theorie könnten in 20 000 Jahren praktisch alle Fragen nach dem WIE beantwortet haben, und man wundert sich vielleicht ein wenig, dass der Mensch so lange gebraucht hat, um die Frage zu beantworten, wie das Universum eigentlich funktioniert.

Unsere junge Mutter kann wirklich und wahrhaftig begreifen, welche Eleganz darin besteht, dass das Universum den Menschen hervorbrachte, der es wahrnehmen, verstehen, analysieren, im Modell darstellen und begreifen kann.

Der jungen Frau ist aber auch bewusst, was die Menschheit selbst im 22. Jahrhundert alles noch nicht weiß. Insbesondere, dass noch lange nicht geklärt ist, warum SUPERSTRING-ÄTHER, URSUPPE und LEGOLEBEN überhaupt existieren oder warum sie so unglaublich exakt definiert sind. Kein Bewohner der neun Planeten, mit denen die Erde kommuniziert, käme auf die Idee, man könne irgendwann einmal erfahren, wie das Universum, die Teilchen, Wechselwirkungen und die Regeln, die festlegen, wie sich Informationen entwickeln, entstanden sind.

Auch in der fernen Zukunft gibt es darüber wahrscheinlich zahlreiche unterschiedliche Ansichten. Manche Menschen werden an einen väterlichen Gott glauben, der alles erschaffen hat und unablässig über alles wacht. Andere denken an einen eher entrückten Gott, der seine Schöpfung von fern beaufsichtigt und sie lenkt, jedoch weniger auf Einzelschicksale Einfluss nimmt als auf die großen historischen Strömungen. Wieder andere sind von einer göttlichen Gestalt überzeugt, die mit einem großen Wurf alles in Gang gesetzt hat, die Entscheidungen der Menschen dann aber nicht weiter beeinflusst und sie die Konsequenzen der Freiheit lieber selbst genießen und tragen lässt. Einige Leute werden auch immer noch glauben, dass unbewusste Kräfte am Werk waren und dass Universum, Bewusstsein und all die anderen großartigen Dinge, die es sonst noch zu bestaunen gibt, zufällig entstanden sind. Die Unendlichkeitstheologen werden vermutlich auch in 22 000 Jahren noch behaupten, alles geschehe in der Unendlichkeit von Raum und Zeit, und in der unendlich langen Kette zufälliger Zufälle wäre der Mensch nur ein x-beliebiges Glied.

Auch zur Zeit unserer jungen Frau sehen sich vermutlich alle diese verschiedenen Glaubensrichtungen mit bohrenden Fragen konfrontiert – woher kommt Gott, wer erschuf die unbewussten Kräfte oder die Unendlichkeiten zufälliger Universen? Die Bewohner von acht der neun Planeten, zu denen Verbindung besteht, sind sich jedenfalls darüber einig, dass die Schöpfung von einem allmächtigen Bewusstsein entworfen worden sein muss.

Die junge Frau weiß, dass die Schöpfung kein Zufall war. Alle wissenschaftlichen Erkenntnisse sprechen für ein unfassbar komplexes Design, das darauf ausgerichtet ist, aus Energie und Information schließlich ein intelligenzbegabtes, gefühlvolles Bewusstsein hervorzubringen.

Also wird die junge Mutter in jener zukünftigen Nacht mit ihrem Baby dastehen und staunen, wie gut unsere rationalen Fähigkeiten dazu geeignet sind, das Universum zu begreifen. Zu ihrer Zeit wird das Puzzle zum größten Teil zusammengesetzt sein, doch es überrascht sie kaum, dass letztlich doch alles ein Geheimnis bleibt. Sie freut sich der Tatsache, dass der Mensch so sensibel ist, dass er spirituell eine Ebene erreichen kann, auf der wir das Geheimnis des Lebens verehren und dabei tiefsten Frieden, Glück und Ehrfurcht empfinden können.

Die junge Mutter glaubt, dass der Mensch dafür geschaffen wurde, das Puzzle zusammenzusetzen, das Mysterium zu bestaunen und ihm Verehrung entgegenzubringen. Ihr ist bewusst, dass es uns immer dann am besten geht, wenn wir uns durch und durch dafür engagieren. Der Mensch ist so angelegt, dass er aus diesem Engagement größtmögliche Befriedigung und Lust bezieht.

Also steht die Mutter in dieser fernen Sommernacht da, betrachtet das Gesicht ihres Babys und glaubt, dass die Menschheit letztlich nie mehr erfahren wird. Ihrem Kind flüstert sie ins Ohr: »Triff weise Entscheidungen, liebe, lerne, hab Ideen, entwirf unsere Zukunft und hilf sie aufbauen. Das ist deine Bestimmung.«

Ein Nachtrag meiner jüngsten Tochter:
Wenn Sie sich noch immer für eine probabilistische Quanten-
wellenfunktion halten, die sich in der nächsten Fluktuation in
der Unendlichkeit der Quantenuniversen materialisiert (oder
auch nicht), dann schlage ich Ihnen vor: Behalten Sie ruhig
Ihre ganzen Universen. Ich bleibe bei meinem, denn ich habe
nicht das Geringste daran auszusetzen.

Jenny

Dank

Ich möchte einigen phantastischen Menschen danken, die mir geholfen und mich während dieses ganzen Projekts unterstützt haben: Doug Fowler für unsere vielen langen Diskussionen über die Ideen für dieses Buch, Duane Boyce für seine Hilfe und Ermutigung, Michael Gosney, meinem Agenten, der mich mit meinem Verlag zusammengebracht hat, Bill Gladstone, der an die Botschaft glaubte, John Hunt für das visionäre Konzept von O Books und für sein Talent, diesem Buch den letzten Schliff zu verpassen, meiner Frau Anne für ihre Geduld und Unterstützung, Jenny für alle Fragen und Michelle und Kim, weil sie nichts dagegen haben, dass es Jennys Universum ist.